"十三五"国家重点图书出版规划项目

交通运输科技丛书·公路基础设施建设与养护

港珠澳大桥跨海集群工程建设关键技术与创新成果书系

国家科技支撑计划资助项目（2011BAG07B02）

国家出版基金项目

NATIONAL PUBLICATION FOUNDATION

水下挤密砂桩技术
及其在外海人工岛工程中的应用

Marine Sand Compaction Pile Technology and Its Application in
Offshore Artificial Island Projects

时蓓玲　卢永昌　王彦林

张　曦　林佑高　等　著

人民交通出版社股份有限公司

China Communications Press Co.,Ltd.

内 容 提 要

　　港珠澳大桥岛隧工程是国内目前使用水下挤密砂桩最多的工程项目。本书系统地介绍了港珠澳大桥人工岛工程建设中对水下挤密砂桩技术开展的一系列科研与实践探索。通过开展挤密砂桩离心模型试验,对挤密砂桩的加固机理、破坏模式进行了深入探讨。详细介绍了人工岛挤密砂桩复合地基设计的过程,对设计参数的选取进行了重点阐述。对国内第二代水下挤密砂桩施工设备和控制系统进行了全面介绍,并就挤密砂桩对地质条件的适应性开展了专门的试验测试,获取了成桩条件判断标准。针对施工海域中华白海豚的保护开展挤密砂桩施工过程中水下噪声的测试,论证其对中华白海豚的影响,提出保护白海豚的施工对策。对水下挤密砂桩在人工岛工程中的应用效果进行了全面总结,特别分析了标贯试验结果与置换率、土质以及加固深度等的关系。就水下挤密砂桩设计与施工过程中经常遇到的问题,提出了思考和建议,对今后的应用前景进行了分析和展望。

　　本书可供从事地基加固、人工岛建设的工程技术人员及科研人员参考。

Abstract

The Island-Tunnel project of the Hong Kong-Zhuhai-Macao Bridge is the most important project for the use of marine sand compaction pile in China. This book systematically introduces a series of scientific research and practical exploration on the technology of marine sand compaction pile in the construction of the artificial island project of the Hong Kong-Zhuhai-Macao Bridge. Through the centrifugal model test of sand compaction pile, the reinforcement mechanism and failure mode of the sand compaction pile are discussed in depth. The design process of artificial island sand compacted pile composite foundation is introduced in detail, and the selection of design parameters is emphatically expounded. The construction equipment and control system of the second generation of marine sand compaction pile in China are introduced comprehensively, and specific tests for the adaptability of the sand compaction pile to the geological conditions are carried out, and the judging standard of pile forming conditions is obtained. Aiming at the protection of Chinese white dolphin in construction area, we carried out the test of underwater noise during construction of sand compaction pile, demonstrated its influence on Chinese white dolphin, and put forward the construction countermeasures for protecting white dolphin. The application effect of marine sand compaction pile in artificial island project is summarized, especially the relationship between the results of standard penetration test and replacement rate, soil quality and reinforcement depth is analyzed. In this book, the problems encountered in the design and construction of marine sand compaction pile are discussed and suggestions are put forward, and the future application prospect is analyzed and prospected.

This book can be used as reference for engineers and scientific researchers who are engaged in foundation reinforcement and artificial island construction.

交通运输科技丛书编审委员会

港珠澳大桥跨海集群工程建设关键技术与创新成果书系编审委员会

《水下挤密砂桩技术及其在外海人工岛工程中的应用》
编　写　组

组　　长：时蓓玲　　卢永昌　　王彦林

副 组 长：张　曦　　林佑高

编写人员：马险峰　　刘　璐　　马振江　　刘进生　　刘　滨

　　　　　蒋伟康　　邓清鹏　　陆梅兴　　熊文峰　　徐明贤

　　　　　卢益峰　　李　靖　　蒋　健　　吴心怡　　朱俊毅

　　　　　王孝健　　何蔺荞　　张晨龙　　闫　禹　　杨卫国

总　序

General Preface

　　科技是国家强盛之基,创新是民族进步之魂。中华民族正处在全面建成小康社会的决胜阶段,比以往任何时候都更加需要强大的科技创新力量。党的十八大以来,以习近平同志为总书记的党中央作出了实施创新驱动发展战略的重大部署。党的十八届五中全会提出必须牢固树立并切实贯彻创新、协调、绿色、开放、共享的发展理念,进一步发挥科技创新在全面创新中的引领作用。在最近召开的全国科技创新大会上,习近平总书记指出要在我国发展新的历史起点上,把科技创新摆在更加重要的位置,吹响了建设世界科技强国的号角。大会强调,实现"两个一百年"奋斗目标,实现中华民族伟大复兴的中国梦,必须坚持走中国特色自主创新道路,面向世界科技前沿、面向经济主战场、面向国家重大需求。这是党中央综合分析国内外大势、立足我国发展全局提出的重大战略目标和战略部署,为加快推进我国科技创新指明了战略方向。

　　科技创新为我国交通运输事业发展提供了不竭的动力。交通运输部党组坚决贯彻落实中央战略部署,将科技创新摆在交通运输现代化建设全局的突出位置,坚持面向需求、面向世界、面向未来,把智慧交通建设作为主战场,深入实施创新驱动发展战略,以科技创新引领交通运输的全面创新。通过全行业广大科研工作者长期不懈的努力,交通运输科技创新取得了重大进展与突出成效,在黄金水道能力提升、跨海集群工程建设、沥青路面新材料、智能化水面溢油处置、饱和潜水成套技术等方面取得了一系列具有国际领先水平的重大成果,培养了一批高素质的科技创新人才,支撑了行业持续快速发展。同时,通过科技示范工程、科技成果推广计划、专项行动计划、科技成果推广目录等,推广应用了千余项科研成果,有力促进了科研向现实生产力转化。组织出版"交通运输建设科技丛书",是推进科技成果公开、加强科技成果推广应用的一项重要举措。"十二五"期间,该丛书共出版72册,全部列入"十二五"国家重点图书出版规划项目,其中12册获得国家出版基金支持,6 册获中华优秀出版物奖图书提名奖,行业影响力和社会知名度不断扩大,逐渐成为交通运输高端学术交流和科技成果公开的重要平台。

"十三五"时期,交通运输改革发展任务更加艰巨繁重,政策制定、基础设施建设、运输管理等领域更加迫切需要科技创新提供有力支撑。为适应形势变化的需要,在以往工作的基础上,我们将组织出版"交通运输科技丛书",其覆盖内容由建设技术扩展到交通运输科学技术各领域,汇集交通运输行业高水平的学术专著,及时集中展示交通运输重大科技成果,将对提升交通运输决策管理水平、促进高层次学术交流、技术传播和专业人才培养发挥积极作用。

当前,全党全国各族人民正在为全面建成小康社会、实现中华民族伟大复兴的中国梦而团结奋斗。交通运输肩负着经济社会发展先行官的政治使命和重大任务,并力争在第二个百年目标实现之前建成世界交通强国,我们迫切需要以科技创新推动转型升级。创新的事业呼唤创新的人才。希望广大科技工作者牢牢抓住科技创新的重要历史机遇,紧密结合交通运输发展的中心任务,锐意进取、锐意创新,以科技创新的丰硕成果为建设综合交通、智慧交通、绿色交通、平安交通贡献新的更大的力量!

2016 年 6 月 24 日

序

2003 年，港珠澳大桥工程研究启动。2009 年，为应对由美国次贷危机引发的全球金融危机，保持粤、港、澳三地经济社会稳定，中央政府决定加快推进港珠澳大桥建设。港珠澳大桥跨越珠江口伶仃洋海域，东接香港特别行政区，西接广东省珠海市和澳门特别行政区，是"一国两制"框架下粤、港、澳三地合作建设的重大交通基础设施工程。港珠澳大桥建设规模宏大，建设条件复杂，工程技术难度、生态保护要求很高。

2010 年 9 月，由科技部支持立项的"十二五"国家科技支撑计划"港珠澳大桥跨海集群工程建设关键技术研究与示范"项目启动实施。国家科技支撑计划，以重大公益技术及产业共性技术研究开发与应用示范为重点，结合重大工程建设和重大装备开发，加强集成创新和引进消化吸收再创新，重点解决涉及全局性、跨行业、跨地区的重大技术问题，着力攻克一批关键技术，突破瓶颈制约，提升产业竞争力，为我国经济社会协调发展提供支撑。

港珠澳大桥国家科技支撑计划项目共设五个课题，包含隧道、人工岛、桥梁、混凝土结构耐久性和建设管理等方面的研究内容，既是港珠澳大桥在建设过程中急需解决的技术难题，又是交通运输行业建设未来发展需要突破的技术瓶颈，其研究成果不但能为港珠澳大桥建设提供技术支撑，还可为规划研究中的深圳至中山通道、渤海湾通道、琼州海峡通道等重大工程提供技术储备。

2015 年底，国家科技支撑计划项目顺利通过了科技部验收。在此基础上，港珠澳大桥管理局结合生产实践，进一步组织相关研究单位对以国家科技支撑计划项目为主的研究成果进行了深化梳理，总结形成了"港珠澳大桥跨海集群工程建设关键技术与创新成果书系"。书系被纳入了"交通运输科技丛书"，由人民交通出版社股份有限公司组织出版，以期更好地面向读者，进一步推进科技成果公开，进一步加强科技成果交流。

值此书系出版之际，祝愿广大交通运输科技工作者和建设者秉承优良传统，按照党的十八大报告"科技创新是提高社会生产力和综合国力的战略支撑，必须摆在国家发展全局的核心位置"的要求，努力提高科技创新能力，努力推进交通运输行业转型升级，为实现"人便于行、货畅其流"的梦想，为实现中华民族伟大复兴而努力！

港珠澳大桥国家科技支撑计划项目领导小组组长

本书系编审委员会主任

2016 年 9 月

前　言
Foreword

随着我国交通基础设施建设的发展,外海工程越来越多,其中水下地基加固是外海工程的关键节点和一大难题。为了克服外海的水深条件和波流条件,需要在地基加固技术上不断创新。水下挤密砂桩作为地基加固新技术,非常适合外海工程的需求,尽管在国内的起步时间不长,但发展迅速。特别是港珠澳大桥工程建设中,经过一系列技术攻关和实践探索,水下挤密砂桩获得了极大成功。将该项技术的最新进展进行系统、全面的总结,有利于此项新技术的推广,使广大工程技术人员获得一个详细了解此项技术及其在工程中应用效果的机会。

挤密砂桩地基加固技术源自日本,已成功应用于多项跨海通道与港口码头工程,形成了一套完整的设计与施工技术。我国对挤密砂桩技术的研发始于2004年,在交通运输部的领导下,中交第三航务工程局有限公司于2006年通过自主创新成功研制出第一代国产化挤密砂桩施工船,并于2008年成功将其应用于洋山深水港三期工程工作船码头,从而向大规模推广迈出了坚实的一步。

水下挤密砂桩技术的研发成功为我国交通基础设施建设提供了一种全新的水下地基加固手段。港珠澳大桥岛隧工程因人工岛与隧道工程建设的需要,成为国内目前使用挤密砂桩最多的工程项目。依托国家科技支撑计划课题"港珠澳大桥跨海集群工程建设关键技术研究与示范",编写组在该工程建设中对水下挤密砂桩技术开展了全面、深入的探索和实践,研究建立了完整的设计计算方法、施工技术、施工装备以及质量检测技术。具体包括:

一、针对港珠澳大桥工程的需求和自然环境,设计了多种置换率的挤密砂桩复合地基,在水下挤密砂桩设计领域进行了一次全面的实践,并取得了非常好的效果。

二、通过自主创新研制了具有完全自主知识产权的水下挤密砂桩成套施工设备和控制系统,全部设备实现国产化。研制的设备和控制系统成功攻克港珠澳大桥工程的复杂地质条件,通过试验获取了成桩条件判断标准。开发的全套施工控制系统和施工管理软件,具有自动化程度高、质量可控、操作便捷的特点,适应现场管理需求。

三、首次开展了挤密砂桩离心模型试验,对挤密砂桩的加固机理、破坏模式进行了深入探讨,对单桩以及复合地基的承载力受设计参数的影响进行了总结,与国内外单桩与复合地基计算理论进行对比分析,取得了宝贵的试验数据。

四、首次针对施工海域中华白海豚的保护开展科学实验,系统地测试分析挤密砂桩施工全过程的噪声源以及噪声在水下的分布,论证其对中华白海豚的影响,提出保护中华白海豚的施工对策并在工程中有效实施。

五、首次对挤密砂桩加固效果特别是标贯试验成果进行了系统研究,分析了标贯击数与置换率、土质以及加固深度等的关系,论证了其作为设计参数使用的适用性。

通过上述完整和全面的理论与实践研究,加之大规模挤密砂桩加固工程的实际应用,以及积累的大量观察数据,水下挤密砂桩设计、施工以及质量检测的行业标准也得以形成。对进一步推广水下挤密砂桩工艺与工法,提高我国在该领域的技术水平无疑是十分重要的。

本书对上述研究工作进行了系统的整理,并就水下挤密砂桩设计与施工过程中经常遇到的问题,提出了思考和建议。

本书由中交第三航务工程局时蓓玲、中交第四航务勘察设计院卢永昌、港珠澳大桥管理局王彦林以及中交上海三航科学研究院有限公司张曦、中交第四航务勘察设计院林佑高等共同编写完成。全书共7章,其中第一章概要介绍挤密砂桩技术,并提出港珠澳大桥工程建设中挤密砂桩加固水下软基所必须解决的问题,由中交一航院刘进生、刘滨执笔。第二章详细介绍在国家科技支撑计划课题中开展的挤密砂桩单桩与复合地基离心模型试验成果,由三航科研院张曦、同济大学马险峰执笔。第三章详细介绍港珠澳大桥人工岛挤密砂桩的设计,由中交四航院卢永昌、林佑高执笔。第四章整合了中交三航局研发挤密砂桩施工技术与设备的成果与经验,详细介绍挤密砂桩施工的相关技术、设备以及自动控制系统,其中施工技术、设备以及控制系统的相关内容由中交三航局刘璐以及中交三航科研院马振江执笔,复杂地层中的成桩判定由中交三航科研院张曦执笔。第五章介绍挤密砂桩施工过程中的水下声环境测试与研究工作,并提出保护中华白海豚免受施工噪声伤害的施工对策,由上海交通大学蒋伟康、邓清鹏执笔,张文正参与了重要工作。第六章介绍港珠澳大桥人工岛工程挤密砂桩的加固效果,由中交三航科研院张曦和中交四航院林佑高执笔。第七章对挤密砂桩技术今后的应用前景进行展望,并提出需要进一步研究的问题,由中交三航局时蓓玲、中交四航院林佑高执笔。

在本书编写以及科技支撑计划课题研究过程中,港珠澳大桥管理局苏权科总工程师、中国交建林鸣总工程师、中交三航局曹根祥总工程师和尹海卿副总工程师、同济大学李永盛教授、中交三航院莫景逸副总工程师给予了重要的指导,在此深表感谢。中交三航局顾巍、贺永康、陆梅兴、熊文峰、徐明贤、卢益峰、张敏赢等,中交三航科研院李靖、董念慈、吴心怡、蒋健、朱俊易、王孝健等,以及中交四航院梁桁、李建宇、王坤等均承担了重要的科研工作,同济大学何蔺荞、张晨龙在本书涉及的科研工作中完成了硕士学位论文。

由于水下挤密砂桩在国内实际应用的工程还不多,尚需在今后工程实践中继续积累经验,加上作者的理论水平和实践经验有限,书中内容欠缺或疏漏之处,敬请读者批评指正。

作　者

2017 年 3 月

目　录

Contents ▰▰▰

第1章 概　　述

1.1　挤密砂桩用于水下地基加固的技术与应用现状

1.1.1　水下挤密砂桩的基本特点

砂桩法地基处理技术起源于19世纪的欧洲,最初是采用振冲的方式向地基中置入碎石,用于提高松砂的密实性,主要靠桩的挤密和施工中的振动作用使桩周围的土体密实度增大,从而使地基承载力提高,压缩性降低。随着时间的推移,此类工法进一步扩展用于加固软黏土地基。砂桩的主要作用是部分置换并与软黏土构成复合地基,加速软土的排水固结,从而增加地基土的强度,提高软基的承载力。在原有施工工艺的基础上,逐步发展出振冲密实法、振冲置换法以及沉管法的砂桩或碎石桩。而本书所指的挤密砂桩是从20世纪50年代日本研制的振动式和冲击式砂桩施工工艺开始逐渐发展起来的。该工法与其他散体桩的最大区别在于成桩过程,是利用振动或冲击荷载将钢套管打入软基中,经过有规律的反复提升和打压套管,将砂送入被加固的软弱地基(包括软黏土、松散砂土等)中,并使填入的砂桩扩径,形成挤密砂桩复合地基。与普通砂桩相比,水下挤密砂桩在施工过程中增加了挤密工艺,提高了地基土的密实度、承载能力、抗剪强度、抗液化能力等,从而达到更好的加固效果。普通砂桩(或散体桩)更适用于处理松砂、杂填土和黏粒含量不大的普通黏土,而挤密砂桩(SCP)对软黏土的适用范围要大得多。在日本,有多项工程采用挤密砂桩加固天然含水率超过100%的软黏土,并取得良好效果。

挤密砂桩的英文名称是 Sand Compaction Pile(简称 SCP)[1]。这里"挤密"二字指的是 Compaction,也就是对砂桩桩体的振挤密实,与振冲法散体桩对桩周土体的振挤密实作用是不一样的,尽管 SCP 用于砂性土地基加固时也有类似作用。

挤密砂桩的显著特征是通过采用一整套严格控制下的反复振动、回打扩径的特殊工艺,使压入原地基的砂量成为可控的固定量,并可以在地基中形成大直径的桩体,从而实现比较大的置换率。挤密砂桩的工艺原理如图1-1所示。

水下挤密砂桩的施工主要分为以下步骤:

(1)施工前准备。船舶通过 GPS 确定砂桩工位,控制系统自检设备运行状态,设置施工砂桩参数,并对 GL(套管内砂面顶高程)、SL(套管底高程)测量系统进行标定和归零。

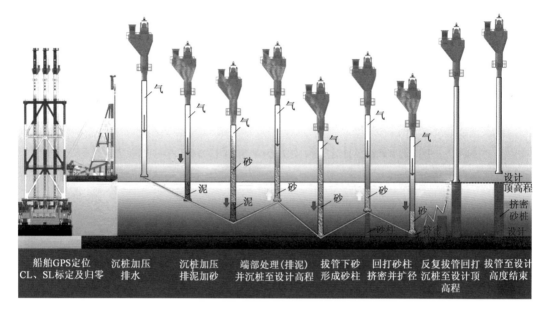

图 1-1　挤密砂桩工艺原理图

（2）桩套管贯入。通过卷扬系统控制桩套管贯入，入水阶段依靠桩套管自重贯入，同时桩套管内加入适量的空压气体，将桩套管内的水排出；之后桩套管底部入泥，在适当位置启动振动锤，提升贯入效率，桩套管内加砂和空压气体，将桩套管内底部的泥尽量排出。

（3）端部处理。在合适的位置进行端部处理，目的是将桩套管内的泥全部排出，使成桩时形成的砂柱内不含泥，保证砂柱质量。端部处理结束后将桩套管贯入到设计高程。

（4）成桩。首先提升桩套管，控制桩套管内气体压力，使得桩套管内的砂排出形成砂柱，此阶段需控制好下砂速率和桩套管提升速率，确保形成连续均匀的砂柱；当砂柱形成至设定高度后，桩套管进行回打，使得砂柱扩径挤密，形成挤密砂桩，当回打至设定高度后，形成一段挤密砂桩；之后重复上述拔管和回打成桩步骤，直至挤密砂桩形成至设计顶高程。

（5）结束。结束此次成桩流程，形成该桩的成桩记录表和数据库文件。将桩套管提升至泥面以上合适位置，船舶移位至下一个施工工位。

目前水下挤密砂桩的最大置换率可达 70% 以上。通过对置换率的合理设计可以实现挤密砂桩置换作用与排水固结作用的合理利用。一般而言，对松散砂土地基，挤密砂桩的主要作用是成桩过程中对周围土层产生挤密作用以及振密作用；而对黏性土地基的加固作用主要体现为置换和排水作用，采用高置换率时更倾向于置换作用，而低置换率时更倾向于排水固结作用。

对于水下软基加固，相对于其他地基处理技术，如开挖换填、砂井或塑料排水板排水加固、深层水泥搅拌、爆破挤淤和普通砂桩加固等地基处理的方法，水下挤密砂桩的一个重要特点是可以很好地适应外海施工所必须面对的水深条件和波流条件，因为具备一定刚度和长度的钢套管可以很好地抵御外海波浪并将砂送入相当大的深度,从而成为外海工程中的首选。特别是采用大置换率的挤密砂桩复合地基,与一般排水固结法相比无须等待固结形成的强度增长,与深层水泥搅拌桩相比无须等待水泥土固化时间,因而可以快速实现地基强度的大幅提高,在有效作业时间极为有限的外海工程中,可以起到缩短工期的作用,并可与多种形式的上部结构联合使用,为软弱地基上建造重力式结构创造条件。因此,与其他地基加固方法相比,水下挤密砂桩地基加固技术的加固深度最深,适用范围最广,加固效果直接,置换加固后地基强度可快速提高,同时对周围环境的影响相对较小,符合环保要求。随着施工设备和施工工艺的进一步发展,施工效率提高,费用减少,其在外海深水条件下地基处理的优势将更加突显。

1.1.2　挤密砂桩的应用现状

水下挤密砂桩技术在工程中的应用主要体现在如下几个方面:

1) 排水作用

主要应用于建在软土地基上的防波堤、护岸、码头接岸等工程。由于土体天然强度低,直接修筑建筑物将造成整体失稳滑坡,或工后沉降过大不满足使用要求。通过打设挤密砂桩,结合建筑物分级加荷,实现软土的排水固结,提高其强度和承载能力,满足水工建筑物在施工期和使用期的整体稳定,减小工后沉降。

2) 排水及置换复合作用

主要应用于高桩码头接岸结构、护岸或人工岛等工程。按照设计置换率打设挤密砂桩,形成复合地基,使复合地基具有一定的初始承载力和抗剪强度,结合后期排水固结作用,满足上部建筑物施工后的地基整体稳定,减小工后沉降和差异沉降。

3) 置换作用

主要应用于建在软弱地基上的重力式码头工程、无附加荷载或附加荷载较小时建筑物基础等。利用挤密砂桩的置换作用,提高软土的强度、刚度和地基承载力,可满足附加荷载较小时沉降控制和变形协调等要求;或通过大置换率挤密砂桩改良加固软土,满足建造重力式码头的要求。

4) 挤密作用

主要应用于松散砂土、粉土地质,消除地震液化,并提高地基承载力,减小工后沉降和差异沉降。

我国于20世纪50年代初引进砂桩地基加固技术,经过半个多世纪的发展,砂桩地基加固技术在陆上工程已得到广泛应用。水下砂桩技术起步较晚,但进展较快。前期多采用普通砂桩,直径500~1 000mm,有的是单纯的排水作用,有的为排水置换复合功能,置换率多为20%~35%。如连云港7万吨级航道扩建围堤工程正堤东段、汕头港珠池港区二期工程3A

号~6号泊位接岸结构、天津港南疆非金属矿石码头工程等工程应用实例。随着洋山深水港开发建设，水下普通砂桩技术得到进一步推广应用，而且水下挤密砂桩技术在我国进入到开发研制、试验阶段。2008年，由中交三航局自主研制的第一代挤密砂桩施工设备成功应用于洋山深水港三期工程工作船码头重力式结构地基加固，置换率达60%，填补了国内空白，并在国内首次开展了水下挤密砂桩复合地基荷载板试验，对水下挤密砂桩加固效果进行了验证[2]。近年来，国内挤密砂桩设备不断升级换代，在自动化控制、处理加固深度、环境保护等方面的性能得到明显提升。随着水下挤密砂桩地基加固技术在港珠澳大桥岛隧工程、海口南海明珠人工岛项目、海南如意岛项目等重大工程的应用，标志着该技术进入到全面推广应用阶段。随着几个工程的实践，国内工程界对挤密砂桩加固的原理、加固效果以及设计方法有了较全面的掌握，特别是依托港珠澳大桥工程建设开展的国家科技支撑计划项目的深入研究，在水下挤密砂桩的设计理论、加固机理以及施工技术方面取得了长足的进步。目前，水下挤密砂桩复合地基设计专用软件也已开发完成，正在形成行业标准《水下挤密砂桩设计与施工规程》《水下挤密砂桩施工质量检测标准》。

1.2 挤密砂桩的加固机理与一般设计方法

1.2.1 水下挤密砂桩的加固机理

水下挤密砂桩处理地基技术可应用于松散砂(或粉土)地基和软弱黏性土地基，其加固机理不同。

1)加固松散砂土地基

对松散砂或粉土地基，利用振动或冲击将砂压入土中以减小孔隙比，从而提高原地基土的相对密实度，其作用包括挤密作用、振密作用，并使砂土地基获得预震效应。水下挤密砂桩应用于松砂地基的加固效果主要表现在：

(1)使被处理的砂土地基挤实到临界孔隙比以下，防止砂土在地震或受振动时液化。

(2)提高地基承载力和水平抵抗力。

(3)减小地基的后期沉降和不均匀沉降。

2)加固软黏土地基

对软弱黏性土，通过打设一定间距的挤密砂桩，最终达到增加地基强度、提高地基整体稳定性、减小后期沉降的目的。挤密砂桩的作用包括排水作用、置换作用等。挤密砂桩应用于软弱黏性土地基的加固效果主要表现在：

(1)通过砂桩的排水作用，结合上部加荷，加快土体的固结，提高土体的强度，增强地基承载力，防止地基产生整体滑动破坏，减小后期沉降和差异沉降。

（2）形成具有一定置换率的挤密砂桩复合地基,增强地基抗剪强度和地基承载力,减小后期沉降和差异沉降。

1.2.2 水下挤密砂桩的一般设计方法

水下挤密砂桩是散体材料桩,加固后的地基按复合地基考虑。在水下挤密砂桩未引入国内之前,一般参照日本标准或国内复合地基计算方法进行设计。随着水下挤密砂桩地基处理技术在国内的逐步推广应用,通过吸收、借鉴国内外工程的经验,不断开展试验研究和总结,形成一系列设计计算方法。

1）黏性土地基挤密砂桩复合地基各土层的内摩擦角和黏聚力标准值计算

挤密砂桩复合地基土层的内摩擦角和黏聚力标准值可按下列公式计算:

$$\tan\varphi_{SP} = m\mu_P\tan\varphi_P + (1 - m\mu_P)\tan\varphi_S \tag{1-1}$$

$$C_{SP} = (1 - m)C_S \tag{1-2}$$

$$\mu_P = \frac{n}{1 + (n - 1)m} \tag{1-3}$$

式中：φ_{SP}——挤密砂桩复合地基内摩擦角标准值(°)；

m——面积置换率；

μ_P——应力集中系数；

φ_P——桩体材料内摩擦角标准值(°),可根据标贯试验成果选取；

φ_S——桩间土内摩擦角标准值(°)；

C_{SP}——复合土层黏聚力标准值(kPa)；

C_S——桩间土黏聚力标准值(kPa)；

n——桩土应力分担比。

这里提出一个复合地基的桩土应力分担比(简称桩土应力比)的概念,通过作用在复合地基上垂直应力的平衡条件,假定桩身和桩间土的垂直应力分别为 σ_p 和 σ_s,如图 1-2 所示,有以下平衡式:

$$(A_p + A_s) \cdot \sigma = A_p\sigma_p + A_s\sigma_s \tag{1-4}$$

式中：A_p、A_s——桩体和桩间土的横断面面积；

σ——垂直荷载。

而桩土应力分担比即为桩身与桩间土承担的垂直应力之比:

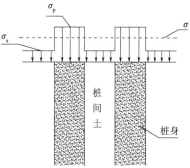

图 1-2 挤密砂桩复合地基荷载作用模型

$$n = \frac{\sigma_p}{\sigma_s} \tag{1-5}$$

2）砂性土地基挤密砂桩复合地基砂桩间距计算

水下挤密砂桩的桩间距根据挤密后要求达到的孔隙比确定,可按下式估算:

等边三角形布置:

$$s_1 = 0.95\xi d \sqrt{\frac{1 + e_0}{e_0 - e_1}} \tag{1-6}$$

正方形布置:

$$s_2 = 0.89\xi d \sqrt{\frac{1 + e_0}{e_0 - e_1}} \tag{1-7}$$

式中:s_1——等边三角形布置时桩的中心距(m);

s_2——正方形布置时桩的中心距(m);

ξ——修正系数,可取 1.1~1.2;

d——挤密砂桩设计直径(m);

e_0——地基处理前的孔隙比;

e_1——地基处理后要求达到的孔隙比,可按式(1-8)确定。

$$e_1 = e_{max} - D_r(e_{max} - e_{min}) \tag{1-8}$$

式中:e_{max}——粉土或砂土的最大孔隙比;

e_{min}——粉土或砂土的最小孔隙比;

D_r——地基处理后要求达到的相对密实度。

3）水下挤密砂桩复合地基承载力计算

水下挤密砂桩复合地基承载力特征值可按照下列公式估算:

$$f_{SPK} = m f_{PK} + (1 - m) f_{SK} \tag{1-9}$$

或

$$f_{SPK} = [1 + m(n - 1)] f_{SK} \tag{1-10}$$

式中:f_{SPK}——复合地基承载力特征值(kPa);

f_{SK}——加固后的桩间土承载力特征值(kPa);

f_{PK}——桩体承载力特征值(kPa)。

水下挤密砂桩在国内得到应用后,水运交通行业采用现行行业标准《港口工程地基规范》(JTS 147-1)进行复合地基承载力计算,并采用复合土层的内摩擦角和黏聚力。

4）黏性土地基水下挤密砂桩复合地基整体稳定性计算

水下挤密砂桩复合地基整体稳定性计算可采用复合土层的内摩擦角和黏聚力,可根据现行行业标准《港口工程地基规范》(JTS 147-1)进行计算。

5)黏性土地基水下挤密砂桩复合地基沉降计算

水下挤密砂桩复合地基的最终沉降可按下式计算:

$$s = s_1 + s_2 \tag{1-11}$$

式中:s——地基最终沉降量(mm);

s_1——复合地基加固区复合土层压缩变形量(mm);

s_2——加固区下卧土层压缩变形量(mm)。

复合地基加固区复合土层压缩变形量 s_1 可按复合模量法或沉降折减法进行计算。

(1)复合模量法

$$s_1 = m_s \sum \frac{\Delta p_i}{E_{spi}} H_i \tag{1-12}$$

式中:m_s——修正系数,根据地区经验确定;

Δp_i——第 i 层复合土层上的附加应力增量(kPa);

H_i——第 i 层复合土层的厚度(mm);

E_{spi}——第 i 层复合土层的压缩模量(kPa),该模量可按式(1-13)计算。

$$E_{spi} = mE_{pi} + (1 - m)E_{si} \tag{1-13}$$

式中:E_{pi}——第 i 层桩体的压缩模量(kPa);

E_{si}——第 i 层桩间土的压缩模量(kPa)。

(2)沉降折减法

$$s = \beta \cdot s_0 \tag{1-14}$$

式中:s_0——原黏性土地基最终沉降量(m);

β——沉降折减比。

根据国内外相关资料,沉降折减比 β 随着置换率的变化通常存在两种计算公式,分别如下:

对于低置换率挤密砂桩复合地基($m < 0.5$):

$$\beta = \frac{1}{1 + (n - 1) \cdot m} \tag{1-15}$$

对于高置换率挤密砂桩复合地基($m \geq 0.5$):

$$\beta = 1 - m \tag{1-16}$$

图1-3为日本实测资料中沉降折减比与面积置换率之间的关系。由图可以看出,对于高置换率挤密砂桩复合地基,桩土应力比 n 随着面积置换率 m 的增大,逐渐趋近于1,而利用式(1-15)计算出的沉降折减比 β 将趋近于1,即没有折减效应,与实际情况不符,说明式(1-15)具有局限性,所以高置换率挤密砂桩复合地基沉降折减比 β 建议采用式(1-16)进行计算。

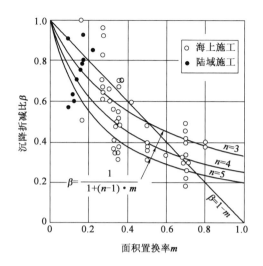

图 1-3　沉降折减比与置换率之间的关系[1]

1.3　挤密砂桩的施工设备

根据施工工艺不同,目前国内水下砂桩处理地基包括普通砂桩和挤密砂桩两种方式。普通砂桩是在砂桩船上利用振动锤将由活瓣封住下口的钢套管沉入土中,到达预定深度后,在套管内灌砂,打开活瓣,边振动边上拔套管,将砂振密实,并将套管中的砂留在土中,形成砂桩。水下挤密砂桩是在普通砂桩工艺上,增加了套管内加气压,逐段复打,使砂桩扩径密实的工艺,形成比普通砂桩直径更大、桩体更密实的砂桩。经过不断的实践和改进,目前国内施工船机已经实现了整个施工过程中的自动控制。

水下挤密砂桩施工,主要由以下施工船组成:挤密砂桩船、储砂船、皮带运砂船、拖轮、起锚艇、交通船。其中,最关键设备是挤密砂桩船。目前该设备多是由国内施工企业自主研发或经由日本引进再经国内自主进行技术升级的设备,自动化程度比较高。

目前国内挤密砂桩船主要性能如表 1-1 所示。

挤密砂桩船主要性能参数　　　　　　　　　　　表 1-1

隶属公司		一航局			三航局			
船舶名称		砂桩 3 号	砂桩 6 号	砂桩 2 号	砂桩 3 号	砂桩 6 号	砂桩 7 号	起重 10 号
打设桩型	砂桩直径（mm）	800~2 000	800~2 000	800~2 000	800~2 000	800~2 000	800~2 000	800~2 000
	砂桩间距（m）	0.6~6.8	0.8~6.8	0.8~6.8	2.4/4.8	0.8~5.4	0.8~5.4	2.1/4.2
	打设深度（水下面）（m）	50	53	65	58	66	66	42

隶属公司		一航局			三航局		
船舶名称		砂桩3号	砂桩6号	砂桩2号	砂桩3号	砂桩6号	砂桩7号	起重10号
施打装置	桩架数量（个）	3	3	3	3	3	3	3
	振动锤数（台）	360kW×3	360kW×3	360kW×3	480kW×3	500kW×3	500kW×3	400kW×3
	料斗容量（m³）	10	10	10	5.8	5.8	5.8	6
船体构造	船体尺度（长×宽×深）（m）	58×26×4.0（吃水2.2）	70×30×4.5（吃水2.3）	70×30×4.5（吃水2.3）	72×25.4×4.2（吃水3.2）	75×26×5.2（吃水3.2）	75×26×5.2（吃水3.2）	64×21×3.5（吃水2.3）
	排水量（t）	3 000	4 750	4 750	3 509	3 509	3 509	2 884
	桩架高度（水面上）（m）	68	72	90.2	76	86	86	62.4

砂桩船主要由船体、管架系统、锚泊系统、供砂装置、供气装置与动力装置、供水系统、中央控制系统和船员生活区组成。其中管架系统、供砂装置、供气装置、动力装置和中央控制系统为挤密砂桩施工关键设备。图1-4为典型的挤密砂桩施工船。通过抓斗机、砂箱、皮带机和计量斗自动将额度数量的砂进至计量斗,之后计量斗内的砂进入提升斗,再通过卷扬系统将提升斗内砂提升至进料斗位置并将砂通过进料斗加入桩套管内,然后再通过卷扬系统、桩套管、供气装置和振动锤将砂强制压入软弱地基中并通过振动回打扩径形成挤密砂桩。

图1-4 典型的挤密砂桩施工船

9

1.4 水下挤密砂桩在港珠澳大桥工程中的应用及研究进展

在 2010 年以前,水下挤密砂桩在国内仅在洋山深水港三期工程中有局部应用,尽管应用范围不大,但其设计与施工都取得了开创性的进展,为进一步推广此项新技术打下了良好的基础[3]。

随着港珠澳大桥工程的建设,外海环境下的深厚软土地基处理成为一项技术难题。港珠澳大桥跨越珠江口伶仃洋海域,是连接香港、珠海、澳门的大型跨海通道工程,是国家高速公路网规划中珠江三角洲地区环线的组成部分和跨越伶仃洋海域的关键性工程。港珠澳大桥平面示意图如图 1-5 所示。港珠澳大桥是由隧、岛、桥组成的跨海交通集群工程,技术复杂、环保要求高、建设要求及标准高。根据主体工程总体布置,隧道两端各设置长度为 625m 的人工岛,均为桥隧转换人工岛。两岛间平面距离约为 5.6km。其中西人工岛靠近珠海侧,东侧与隧道衔接,西侧与青州航道桥的引桥衔接,工程区域天然水深约 8.0m。东人工岛靠近香港侧,西侧与隧道衔接,东侧与桥衔接,工程处天然水深约 10.0m。人工岛主体结构物处于深厚软弱地层上,地层分布差异大,基岩埋藏在海床面下 50～110m,同时工程建设区域穿越中华白海豚保护区,而地基加固的速度直接影响到整个岛隧工程的工期。因此水下地基的处理必须同时满足深厚软基加固的需求、环保的需求以及工期的需求,并要克服外海施工的恶劣自然条件[4]。

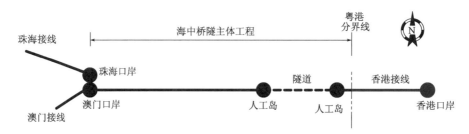

图 1-5　港珠澳大桥项目平面示意图

在这样的建设背景和需求下,设计采用水下挤密砂桩对人工岛岛壁结构进行地基加固。在水下挤密砂桩的设计、施工过程中需要面对和解决的问题主要有:

第一,设计理论方面。在港珠澳大桥工程之前,国内只有一次探索性的水下挤密砂桩应用案例,国内工程界对挤密砂桩复合地基的设计计算理论、计算方法、参数取值以及加固效果远未建立起足够的认识,需要开展系统的室内试验与理论研究,并依托工程建设开展各工况条件下的挤密砂桩设计探索,对挤密砂桩的加固效果进行观测和分析。

第二,施工技术与装备方面。2006 年国内通过自主创新已经完成了施工装备的研制,并初步形成了海上挤密砂桩的施工工艺,但港珠澳大桥工程需要加固的地基深度比以往大得多,地质条件也复杂得多,土层较多地以互层、夹层形式赋存,错层与土层缺失现象较多,有的土层标贯击数超过 20 击,且起伏较大,高程起伏达十多米。施工区域无掩护条件,水流急,船体受水流影响,施工定位难度大[5,6]。因此需要在已有技术和经验的基础上,研制新一代挤密砂桩施工船,提升施工能力,攻克复杂地质条件,并通过装备和施工管理系统的改进,提高施工效率,进一步提高施工的自动化水平,确保挤密砂桩施工质量。

第三,环保要求非常高。人工岛工程位于中华白海豚保护区核心区内。据统计,珠江口中华白海豚数量在 2 500 头左右,为国内最多的水域。挤密砂桩施工虽然不产生水污染,但产生一些噪声,而中华白海豚对噪声比较敏感。有关资料表明,中华白海豚的声呐频率范围为 20 ~ 35kHz。频率 10kHz 以上,声级大于 50dB 的噪声就可能对中华白海豚造成伤害。为了避免或最大限度降低施工对中华白海豚繁殖高峰期的影响,需开展系统的水下声环境测试与研究,并制订有效的环保措施。

依托国家科技支撑计划课题"港珠澳大桥跨海集群工程建设关键技术研究与示范",在工程建设中对水下挤密砂桩技术开展了全面、深入的探索和实践,形成完整的设计计算方法、施工技术、施工装备以及质量检测技术[7],并在工程实践中取得了非常好的效果。本书对整个研究过程和实践结果进行系统的总结,主要从以下几方面阐述:

第一,开展挤密砂桩单桩与复合地基离心模型试验,研究其破坏模式、桩土应力比规律、设计参数对承载力的影响等,比较几种主要的计算方法与试验结果的符合性。

第二,介绍港珠澳大桥人工岛工程水下挤密砂桩的设计,并对设计过程中的原材料选取、泥面隆起、固结延迟效应、桩位布置、碎石垫层等问题进行探讨。

第三,介绍港珠澳大桥建设过程中研制的第二代挤密砂桩施工船及其控制系统,并通过现场试验对桩端动压力以及挤密扩径问题进行分析,获得挤密砂桩施工在硬土层中挤密扩径标准的判定方法。

第四,针对中华白海豚保护问题,开展挤密砂桩施工过程中水下噪声的测试,获得水下噪声分布规律,并据此制订施工措施。

第五,介绍港珠澳大桥工程水下挤密砂桩质量检测的方法,对检测结果进行统计分析,总结水下挤密砂桩的加固效果。

最后,对港珠澳大桥工程中的水下挤密砂桩技术研究与实践进行总结,并对尚待研究的问题以及今后的发展方向进行分析和展望。

第2章 挤密砂桩加固机理的 离心模型试验研究

2.1 试验研究的目的及原理

2.1.1 试验研究的目的

在港珠澳大桥工程建设之前,水下挤密砂桩技术在国内的应用案例极少,国内工程界对挤密砂桩复合地基的加固机理和设计计算理论尚未建立起充足的认识和实践经验。在缺少足够的工程实测资料时,通过离心模型试验对挤密砂桩的加固机理和设计参数进行深入研究,是一种非常有效的科学试验手段。依托国家科技支撑计划项目"港珠澳大桥跨海集群工程建设关键技术研究与示范",对挤密砂桩的加固过程进行离心模型试验模拟,并对挤密砂桩复合地基的各项设计参数进行系统的试验研究。本章介绍该项试验的过程及试验结果分析,并将在第6章结合港珠澳大桥岛隧工程项目的实测数据,对低置换率和高置换率的水下挤密砂桩复合地基加固效果进行分析。

尽管对工程原型的模拟是离心试验研究以及解决实际问题的一类重要途径,但考虑到港珠澳大桥的实际地质条件比较复杂,地层起伏较大且多有互层现象,因此,作为一项基础性研究,本次离心模型试验没有把对实际工程的模拟作为试验研究的目的,而是定位于一项基础性试验研究。此外,由于挤密砂桩加固软黏土地基的机理、过程及计算方法较砂性土更为复杂,港珠澳大桥工程的地基加固对象也以软黏土为主,因此本次试验考虑以软黏土为主的地基条件。

具体的试验研究目的包括以下五个方面:

第一,研究观测挤密砂桩单桩与复合地基在荷载作用下的工作过程与破坏模式。在挤密砂桩复合地基中,荷载由桩体和桩间土体共同承担,根据土层性质及置换率的不同,挤密砂桩分别发挥不同的作用。因砂桩的压缩模量大于软土的压缩模量,由基础传给复合地基的外荷载随着桩土等量变形而逐渐集中到桩体上,因此上部结构的荷载由挤密砂桩承担一部分,其余的荷载由桩间软土承担。随着置换率的增加,桩土应力比逐渐变小,地基逐渐趋于均质化。与刚性桩复合地基以及黏结材料桩复合地基不同,挤密砂桩属于散体材料桩复合地基,其破坏模式不仅与桩间土的性质有关,还直接受上部结构形式的影响。一般将上部结构分为刚性基础和柔性基础,前者如条形基础、水工中的重力式码头结构等,后者如公路路堤、水工中的抛石堤等。本次试验将分两种载荷方式对挤密砂桩的加固过程进行模拟,在试验中将这两种加载方式简称为刚体加载和散体加载。借助非接触式激光位移传感器和 PIV 分析技术,可以非常直观地获得加载过程中复合地基的位移场,从而判断其破坏模式。

第二,对比观测不同设计参数下的挤密砂桩加固效果。地基加固的设计需要根据具体的地基性状和加固目标确定各项设计参数,包括挤密砂桩的置换率、桩径、桩间距等。设计参数的选取直接关系到加固效果和工程造价,例如,相同置换率下采用"小桩密布"或"大桩疏布"的加固效果可能是不一样的,施工设备的工效也存在较大的差异。本次试验将考虑多种工况模拟,包括不同置换率、桩径以及不同土质条件下的加固效果对比。

第三,获得不同工况下的桩土应力分担比。经挤密砂桩加固后桩间土和桩体共同构成复合地基,并共同承担上部荷载,因砂桩的压缩模量大于软土的压缩模量,在等量变形假定下,压缩模量较大的桩体势必承担更多的外荷载,桩土应力分担比是由此得出的一个简化概念。在挤密砂桩复合地基的承载力、稳定性以及沉降计算中,目前通用的半经验公式中桩土应力分担比是影响较大的参数之一。在日本,基于大量的工程实践已经积累起了一套桩土应力分担比的估算方法,但在实际工程中,取值范围较大,不容易把握。而室内试验可以通过直接测试土压力来获得最直接的数值,并可以通过调整相关设计参数来考量该值受各项参数的影响。在整个试验过程中,还可以直接测得该值随着荷载的施加而逐渐变化的过程,从而更好地认识挤密砂桩复合地基的工作机理。

第四,研究观测不同置换率挤密砂桩复合地基的固结特性。作为散体桩复合地基,挤密砂桩复合地基的固结速度可以采用和排水砂井相同的 Barron 公式计算得出,然而日本的工程实践表明,由实际沉降值反算的固结速度比 Barron 公式计算的固结速度慢,并且与置换率有关,因此在设计计算时需要对固结系数进行修正。日本 OCDI 编制的《港口设施技术标准和解说》给出了日本挤密砂桩实测资料,如图 2-1 所示。图中绘出了以固结系数为主要参数的固结速率的延迟效应,其中 C_v 是从实测的时间-沉降关系反算的固结系数,而 C_{v0} 是从室内固结试验得到的固结系数。可以看出 C_v/C_{v0} 的比值随着置换率的增大而变小,即固结时间的延迟随着置换率的增大而变大。当置换率 $m \geq 0.3$ 时,$C_v/C_{v0} = 1/12 \sim 1/2$,实际固结速度比使用固结试验结果计算得出的固结速度慢 $2 \sim 10$ 倍。通过离心模型试验,可以观测到此类固结延迟效应。

第五,考量承载力计算公式的适用性。国内外计算复合地基承载力的公式很多,套用于挤密砂桩时计算结果相差甚大,而且受置换率的影响也比较明显。比如在小置换率的情况下,置换作用与排水固结作用并存,承载力的提升在加载的过程中逐渐获得。因此本次离心模型试验从单桩开始进行承载力试验研究,并选取高、低两种置换率进行挤密砂桩复合地基的承载力研究,以考量各类计算公式的适用性。

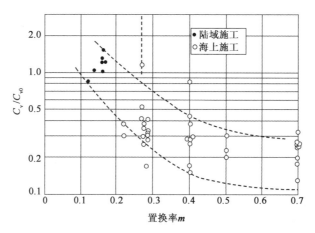

图 2-1　日本挤密砂桩加固地基置换率和 C_v/C_{v0} 的关系图

2.1.2　试验研究的原理

1）概述

土工离心模型试验技术自 20 世纪 70 年代以后越来越受到岩土工程界的关注。其基本出发点是,将土工模型放置于高速旋转的离心机中,让模型承受大于重力加速度的离心加速度的作用,来补偿因模型尺寸缩小而导致的自重损失。目前,土工离心模型试验的内容已经涉及几乎所有岩土和地下工程研究领域。特别是当不能建立全尺寸试验模拟或试验费用过于昂贵时,这类模拟显得极为有用。通过离心模型试验,不仅可以形象地观察或重现复杂的岩土工程现象,而且可以通过改变模型中的一些参数,衡量这些参数对试验结果的影响。一般说来,全尺寸的现场试验或者工程案例分析具有不可重复性以及边界条件的不确定性,比如地层条件、土体的均匀程度、渗透性和饱和度等,而离心模型是人为制造的,具有确定的土体均匀程度和边界条件,试验所采用的土体特性参数是已知的,模拟过程也是确定的。相比现场试验,离心模型试验的这个特点在科学实证方面具有不可替代的优势,特别是针对某些关键参数,用离心模型可以提供非常有用的数据资料。

在科研工作中,用小尺寸的物理模型来模拟原型是非常重要的一种手段,用以反映和分析原型的现象和机理,以此验证理论或是解决棘手的实际工程。在土木工程中,尤其是岩土工程中,土自重引起的应力通常对工程起到决定性的影响,此时,常规的缩尺模型由于其自重产生的应力远低于原型,故往往不能再现原型的特性。所以,当对岩土类研究对象进行物理模拟时,首先是要保证模型的应力水平与原型相同,土工离心机就是研究以自重为主要荷载的岩土结构物性状的一种非常有效的工具。

土工离心机对模拟以自重为主要荷载的土体具有非常显著的效果,通过离心加速度模拟与原型相同的应力水平,可以使得模型与原型应力相同,变形成比例,破坏机理也类似,并且还可以大大缩短试验所需时间。离心模型试验不仅可以模拟施工阶段岩土类研究对象的受力变形过程,还可以模拟和观测工后的长期稳定性以及变形变化规律[8]。

2)试验原理

离心模型试验能利用高速旋转的离心机,用离心场来模拟重力场,在模型上施加超过重力 N 倍的离心惯性力,补偿模型因缩尺 L/N 所造成的自重应力的损失,使模型与原型应力、应变相等,变形相似($1/N$),破坏机理相同。它比通常在静力(重力加速度)条件下的物理模型更接近于实际,因此它对模拟以自重为主要荷载的岩土结构物性状的研究就显得特别有效[9]。

由于模型中任一点的应力与原型对应点的应力相同,包括总应力 σ、孔隙水压力 u 和有效应力。用 H 代表原型的物理量,M 代表模型的物理量。有如下关系式[10]:

$$\sigma_H = \sigma_M \qquad (2-1)$$

$$u_H = u_M \qquad (2-2)$$

$$\sigma_M = \gamma_M h_M \qquad (2-3)$$

$$\sigma_H = \gamma_H h_H \qquad (2-4)$$

可得:

$$\gamma_M = \frac{h_H}{h_M}\gamma_H \qquad (2-5)$$

h_H/h_M 即为相似比 N,可以看出,当模型的几何尺寸缩小到原型的 $1/N$ 时,若要保证模型和原型应力一致,模型的重度必须要放大 N 倍。由于重力场和离心场的物理守恒性,原型和模型的密度一致,则有:

$$a_M = Ng \qquad (2-6)$$

所以,在进行离心模拟时,在模型上施加的惯性力增加到 N 倍的重力,模型尺寸可以缩小到原型的 $1/N$,但原型和模型的应力水平相同。

对于在离心场中加速度的确定,一般采用控制转速的方法,转速 n 与模型几何比例 N 通过力学推导,如下:

$$n = k\sqrt{N} \qquad (2-7)$$

离心机可通过控制转速来确定加载,式中 k 为与给定离心机旋转半径相关的常数,表达式如下:

$$k = \frac{30}{\pi}\sqrt{\frac{g}{R}} \qquad (2-8)$$

2.2　试验设备与测量方法

2.2.1　试验设备

离心模型试验采用同济大学岩土及地下工程教育部重点实验室的 TLJ-150 复合型土工离心机,见图 2-2。该离心机由中国工程物理研究院总体工程研究所研制,2007 年正式投入使用。TLJ-150 复合型土工离心机的基本性能参数见表 2-1[11]。

TLJ-150 复合型土工离心机基本性能参数　　　　　表 2-1

型　号	容量	最大加速度	最大载重	有效半径	电机功率	稳定精度	集流环通道		转臂形式
							静态	动态	
TLJ-150	150gt	200g	2t	3m	250kW	±1% FS/12h	40	32	不对称

图 2-2　同济大学 TLJ-150 复合型土工离心机

静态离心模型试验使用的模型箱有三种规格,模型箱有效容积分别为:0.7m(宽)×0.7m(高)×0.9m(长),0.5m(宽)×0.5m(高)×0.8m(长)和 0.4m(宽)×0.5m(高)×0.6m(长)。为使本次试验用到的二维可编程控制机械手与模型箱配套,本次离心模型试验的模型箱采用 0.4m(宽)×0.5m(高)×0.6m(长)规格。

2.2.2　测量方法

离心模型试验中测量了加载过程中不同砂桩设计参数下的挤密砂桩复合地基的沉降随荷载作用的变化、有机玻璃面内土面的位移和应变变化、施加在砂桩和砂桩周围土体的压力以及砂桩周围孔隙水压力的变化。

1)孔隙水压力的测量

本次试验采用的孔隙水压力传感器是中国工程物理研究院总体工程研究所研制的,传感器规格是外径 8mm,厚度 3mm,量程 500kPa,实物见图 2-3。试验之前要先将传感器进行标定,需要先将孔隙水压计置于校正室内,加入适量的水使孔隙水压计没入水中,以真空抽气机对校正室抽真空使孔隙水压计中的透水石吸水饱和之后,才可进行试验。

2)土压力的测量

本次离心模型试验采用中国工程物理研究院总体工程研究所研发的土压力传感器,规格是外径 8mm,厚度 2mm,量程 1MPa,实物见图 2-4。

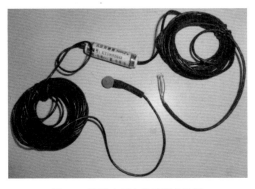

图 2-3　孔隙水压力传感器实物图

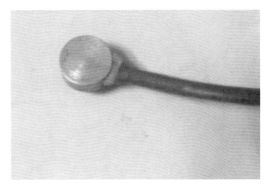

图 2-4　土压力传感器实物图

3) 位移的测量

试验中用两种方法进行位移的测量,一种是传统的位移传感器测量方法,另一种是图像测量技术(Particle Image Velocimetry,简称 PIV)[12,13],见图 2-5~图 2-7。

a)差动式位移传感器(LVDT)

b)非接触式激光位移传感器

图 2-5　位移传感器

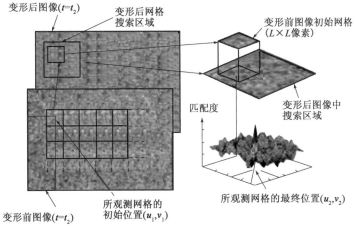

图 2-6　PIV 分析方法的基本原理

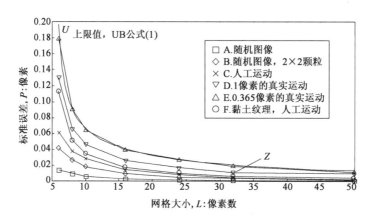

图 2-7　PIV 分析精度与网格大小的关系[14]

2.3　试　验　方　案

2.3.1　试验工况

共进行了 2 组单桩承载力试验,以分别研究地表荷载和不同土体对单桩承载力的影响[15],见表 2-2。

挤密砂桩单桩承载力试验工况表　　　　　　　　　　表 2-2

工况	工　况　分　组	实际桩径	桩长	加　载　方　式
1	桩周土为黏土,地表无荷载	1.2m	通长布桩	等速率加载(速率为 2.5mm/s)
	桩周土为黏土,地表有荷载(荷载大小 7.5kPa)			
2	桩周土为黏土,地表无荷载	1.2m	通长布桩	等速率加载(速率为 2.5mm/s)
	桩周土为淤泥,地表无荷载			

挤密砂桩复合地基试验共进行了 10 组(表 2-3)。利用刚性板,通过机械手加载 5 组:①面积置换率 25%,对比基础试验;②面积置换率 25%,不同土质试验;③面积置换率 25%,不同桩径的试验;④面积置换率 40%,加载方式影响的试验;⑤面积置换率 60%,刚性板加载试验。条形散体堆载 3 组:①面积置换率 25%,模拟分层土体特性的试验;②面积置换率 25%,加载方式影响的试验;③面积置换率 40%,堆载试验。分级加载 2 组:①面积置换率 25%,分级加载试验;②面积置换率 25%,考虑时间因素的长期固结试验。

本次试验中挤密砂桩均采用正方形布置,通过试验研究不同密实度、不同桩径、不同土质情况、不同置换率、不同加载方式等因素对挤密砂桩复合地基承载特性的影响。具体每组工况试验的参数如表 2-3 所示。

离 心 试 验 工 况　　　　　　　　　　　表2-3

序号	置换率	工 况 简 称	实际桩径（m）	实际桩间距（正方形布置）（m）	模型率	桩体密实度	土层
1	25%	25%机械手刚性板加载试验	1.2	2.13	1∶100	中密	黏土
2	25%	25%机械手刚性板加载(淤泥)试验	1.2	2.13	1∶100	中密	淤泥
3	25%	25%机械手刚性板加载(大桩径)试验	1.8	3.19	1∶100	中密	黏土
4	40%	40%机械手刚性板加载试验	1.6	2.24	1∶100	中密	黏土
5	25%	25%散体堆载试验	1.2	2.13	1∶100	中密	黏土
6	25%	25%散体堆载(分层)试验	1.2	2.13	1∶100	中密	黏土、淤泥
7	40%	40%散体堆载试验	1.6	2.24	1∶100	中密	黏土
8	25%	25%分级加载试验	1.2	2.13	1∶100	中密	黏土
9	25%	25%分级加载(长期)试验	1.2	2.13	1∶100	中密	黏土
10	60%	60%机械手刚性板加载试验	1.8	2.06	1∶100	中密	黏土

在离心模型试验中的直径相似比 $d_p/d_m = N$，所以，在模型中的桩径以及桩间距的取值可以确定出来，每种工况下对应的值如表2-4所示。

$100g$ 下各工况原型模型参数表　　　　　　表2-4

序号	工 况 简 称	实际桩径（m）	实际桩间距（m）	模型率	模型桩径（cm）	模型桩间距（cm）
1	25%机械手刚性板加载试验	1.2	2.13	1∶100	1.2	2.13
2	25%机械手刚性板加载(淤泥)试验	1.2	2.13	1∶100	1.2	2.13
3	25%机械手刚性板加载(大桩径)试验	1.8	3.19	1∶100	1.8	3.19
4	40%机械手刚性板加载试验	1.6	2.24	1∶100	1.6	2.24
5	25%散体堆载试验	1.2	2.13	1∶100	1.2	2.13
6	25%散体堆载(分层)试验	1.2	2.13	1∶100	1.2	2.13
7	40%散体堆载试验	1.6	2.24	1∶100	1.6	2.24
8	25%分级加载试验	1.2	2.13	1∶100	1.2	2.13
9	25%分级加载(长期)试验	1.2	2.13	1∶100	1.2	2.13
10	60%机械手刚性板加载试验	1.8	2.06	1∶100	1.8	2.06

试验选用上海地区软土配制而成的土样进行试验。具体在试验过程中先用真空搅拌机进行土样的搅拌,使土达到饱和,并用预固结仪进行固结;当土样的固结度达到80%时,停止固结并用打桩器械进行成桩工作。然后再用预固结仪进行固结,直到土样的固结度达到预定值时停止。

2.3.2 模型设计

1)土体的制备[16]

试验所用土是从现场取回的重塑土,为再现原状土的物理力学性质,采用自重分层固结法实现。

试验用到两种土:淤泥质土和黏土。模型箱下部的黄砂主要用来作为排水通道,为在模型箱中完成双面排水固结创造条件。土体具体参数见表2-5。其中,淤泥质土和黏土的各土层参数是在试验结束后取出模型箱中的土样,进行直剪试验和固结试验得出的。

土 层 特 性 表2-5

土 层	孔隙比	含水率 w（%）	重度 γ（kN/m³）	黏聚力 c（kPa）	内摩擦角 φ（°）	压缩模量 E（MPa）	渗透系数 k_V（cm/s）
淤泥质土	1.4	50	17.0	12	12.5	3.02	6×10^{-8}
黏土	1.2	44	17.8	14	19.2	3.34	9×10^{-8}

2)模型箱的布置

由于离心模型试验所采用的土体渗透系数都较低,并且土样制备时采用重塑土来进行配制,得到的泥浆若按照常规的单面排水进行固结需要较长的时间。为减少固结时间,土体的固结采用双面排水。

模型的布置情况如图2-8、图2-9所示。其中排水隔板的作用主要是在土样进行固结时缩短固结时间。

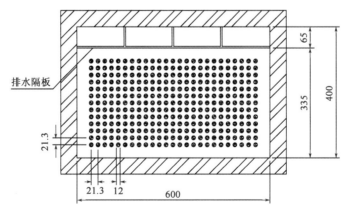

图2-8 SCP试验模型箱俯视示意图(尺寸单位:mm)

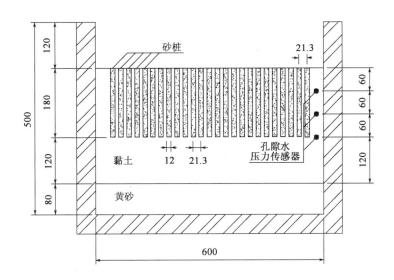

图 2-9　SCP 试验模型箱正立面示意图(尺寸单位:mm)

3)挤密砂桩的制备与设计

挤密砂桩的制备是试验成功与否最关键的环节,需要尽可能真实地模拟挤密砂桩的施工过程,保证成桩质量。在具体的模型箱内的挤密砂桩成桩工艺上,借鉴在实际施工过程中的施工方法,采用活塞在套筒内分段打桩实现,模拟出实际施工过程中挤密砂桩扩径和挤密效果。

首先将套筒和活塞完全压入土体内直至预定底部高度;然后上拉活塞,下砂,上提套筒,这时在套筒下会露出一段砂柱;接着下压活塞和套筒,露出的砂柱受上部的压力会产生挤密和扩径效果,形成一段挤密砂桩。如此反复进行,分段打桩,最后可形成一根完整的挤密砂桩。

为保证成桩的质量,需在打桩过程中保证砂桩垂直度,并保证每次分段打桩时的下砂量和回打高度基本相同。因而研制出了一套在模型箱中的打桩设备,其打桩机理与现场打桩相仿,并充分考虑了在离心模型试验中实际操作的可行性,从而在打桩时能准确地定位打桩位置,并保证砂桩垂直度,同时提高打桩效率。研发出的打桩设备主要由两部分组成:

(1)一组位于套筒左右两侧保证砂桩垂直的滑轮以及可供滑轮在模型箱上方移动的滑槽,如图 2-10 所示。

(2)手摇式打桩重锤。打桩重锤包括上部手摇结构以及下部导轨。其作用主要是保证在套筒移动到模型箱上方任一点时,重锤都能移动到套筒上部对套筒内活塞进行施打。手摇式结构一方面方便控制重锤的上下运动,另一方面也提高了打桩效率,如图 2-11 所示。

图 2-10　保证垂直度的装置　　　　　　　　图 2-11　模拟打桩器械

2.3.3　加载方法

离心模型试验中刚性板加载分两种情况,一种是采用同济大学离心机实验室已有的二维可编程控制机械手方式加载,另一种是采用分级加载的方式加载,用钢板来提供荷载,如图 2-12～图 2-14 所示。条形堆载采用标准砂加载,如图 2-15 所示。

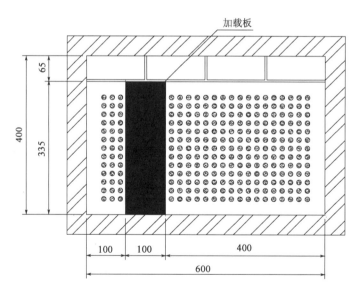

图 2-12　模型箱中加载板的布置俯视示意图(尺寸单位:mm)

2.3.4　试验步骤

试验工况共分为三种加载方式,即机械手刚性板加载、刚性板分级加载和散体堆载。以机械手刚性板加载试验为例,具体试验步骤如下:

22

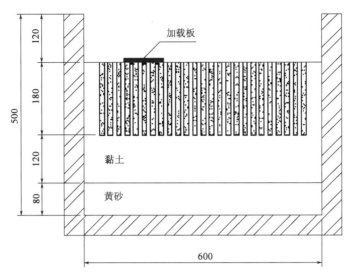

图 2-13   模型箱中加载板的布置正立面示意图(尺寸单位:mm)

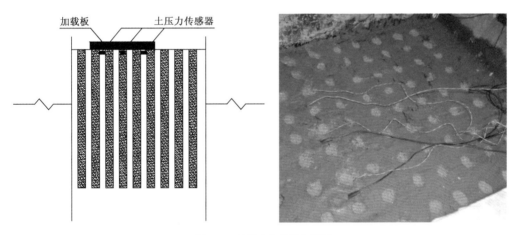

图 2-14   土压力传感器布置图

图 2-15   条形堆载(加砂)

23

（1）清理模型箱并布置好隔板，并在隔板上由上到下放置 3 个孔隙水压力传感器，用来监测固结过程中超孔压的消散情况以及在加载过程中的孔压变化。然后填入底层黄砂，高度 8cm。最后向黄砂中加水至饱和。

（2）将粉碎好的土样放入真空搅拌机进行搅拌，为保证制得的土样尽量达到完全饱和，控制土样含水率在 120%。然后将土样放入模型箱中。土层设计高度约为 30cm。考虑到试验所需模拟的土层范围以及土样在固结时还会发生沉降等因素，试验时填土高度 40cm。

（3）将模型箱放入离心机室进行固结，离心加速度 100g，通过观测孔压读数的变化，待试验测得的超孔隙水压力消散至 80% 后停机，开始制备挤密砂桩。

（4）按照试验方案制定的桩径以及桩距制备好全部挤密砂桩后，需先进行土体表面泥面隆起量的测定，然后将隆起的泥面全部削平至设计高程。再进行固结，当超孔隙水压力消散完全时，停止运转离心机。此时认为复合地基土层已完成固结。

（5）在加载过程中需用到 PIV 技术。为使数码采集所得的图片质量更高，并更好地反映土体的变化，需拆掉模型箱玻璃面板，在玻璃面板上做好标记点，同时在面板后的土面上均匀地撒上粒径极小的木屑。标记点的作用是作为 PIV 分析时的不动点，作为分析土体运动时的参考点。木屑的作用主要是为了在采集照片时，更加清晰地反映土体的变化。

（6）将模型箱重新组装完整后，在加载板下的桩顶和桩周围土面下埋设土压力传感器。土压力传感器的埋设深度在 5mm 左右。

（7）机械手安装：在模型上方盖上加载板，并将机械手吊装到模型箱上。同时在模型箱正面安装好照相系统，包括照相机以及灯光系统，进行正式试验。

（8）刚性板加载正式试验：当模型箱在 100g 的离心加速度下各项指标均保持稳定，包括监测到的土压力保持稳定，孔隙水压力恢复到土样固结完全的水平后，则可以进行正式试验。正式试验是通过模型上方机械手按照恒定速度向下压加载板，从而达到条形荷载刚性板载入，对复合地基进行加载。在加载的同时，照相机以每间隔 1s 一张照片的速度进行照相。加载完成后，停止照相，然后停止运转离心机。

（9）试验结束后，从砂桩中部将砂桩剖开，量测桩径，检查成桩质量，和试验方案中所设计的砂桩参数进行对比，检查是否满足要求。

2.4 离心试验结果与分析

2.4.1 挤密砂桩单桩承载力分析

对于单桩承载力模型试验，主要考虑两种工况，见表 2-2。试验模型率为 1:50。由表 2-2 看出，每一种工况下考虑两种情形，分别研究地表荷载和不同土体对单桩承载力的影响。

1)桩周土表面荷载对单桩承载力的影响

土体表面有边载条件下(边载约7.5kPa),试验得到单桩的荷载-位移曲线如图2-16所示。由图知,其极限承载力约为175kPa。

土体表面无边载条件下,得到单桩的荷载-位移曲线如图2-17所示。由图知,其极限承载力比有边载条件下单桩略小,约为160kPa。

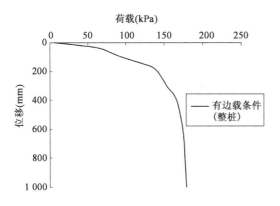

图2-16 有边载条件下单桩荷载-位移曲线

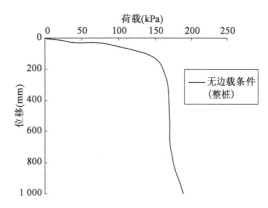

图2-17 无边载条件下单桩荷载-位移曲线

2)不同土质对单桩承载力的影响

试验得到黏土条件下单桩的荷载-位移曲线和淤泥质土条件下单桩的荷载-位移曲线,分别见图2-17和图2-18。由试验得出,黏土条件下单桩极限承载力为160kPa;淤泥质土条件下单桩极限承载力比黏土条件下略小,约为130kPa。

3)单桩承载力计算

将上述试验得到的单桩承载力,与目前散体材料单桩承载力的理论计算结果进行对比,以判断各种计算方法的适用性。

挤密砂桩在荷载作用下,桩身容易发生鼓胀,桩周土由弹性状态进入塑性状态。单桩极限承载

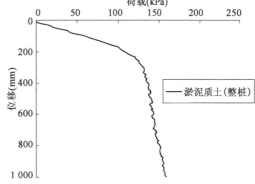

图2-18 淤泥质土条件下单桩荷载-位移曲线

力可以由桩间土侧向极限应力得出,一般表达式为[17]:

$$p_{pf} = \sigma_{ru} K_p \tag{2-9}$$

式中:K_p——桩身材料被动土压力系数;

σ_{ru}——桩间土提供的极限侧向应力。

散体材料桩桩间土所能提供的侧向极限承载力σ_{ru}计算方法主要有:Brauns法、Hughes-Withers法、Wong H. Y.法、被动土压力法以及圆筒形孔扩张理论法等。

对所有情况下的单桩试验实测承载力数据与上述各理论计算数据进行对比,汇总结果见

表2-6。

所有工况下各计算方法结果汇总表

表 2-6

工 况	单桩,黏土 (边载约7.5kPa)	单桩,黏土 (无边载)	单桩,淤泥质土 (无边载)
离心试验得到的桩体极限承载力(kPa)	175	160	130
Brauns法计算得到桩体极限平衡承载力(kPa)	244.5	196.4	184.1
Hughes-Withers法计算得到桩体极限平衡承载力(kPa)	—	250	234.3
Wong H.Y.法计算得到桩体极限平衡承载力(kPa)	153.6	110.6	97.3
被动土压力法计算得到桩体极限平衡承载力(kPa)	260.8	217.9	182.2
圆筒形孔扩张理论法计算得到桩体极限平衡承载力(kPa)	431.9	396.4	326.9

注:桩体内摩擦角取为32°。

由表中数据可以看出,除了 Wong H.Y.法外,其他方法的理论计算结果均比试验结果偏大,且所有理论计算结果均与试验结果相差较大,其原因主要是由于:Hughes-Withers 法是基于极限平衡理论结合原型观测分析所获得的半经验公式,未考虑桩间土上有无荷载的情况,且任何情况下桩的极限侧向应力皆为 $6C_u$;Wong H.Y.法与被动土压力法,皆属轴对称平面应变朗肯被动土压力理论的范畴,只是 Wong H.Y.法没有考虑桩、土自重的作用,而被动压力法考虑了土的自重影响,且是以最大土重侧应力值(鼓胀最深的 Z 处)作为土自重的平衡侧压力;Brauns 法同 Wong H.Y.法一样,主要是在不计桩、土自重的情况下,按轴对称极限平衡条件,由破坏棱体的力系平衡推导出桩的极限承载力;圆筒形孔扩张理论法建立的基础是假设桩周土体破坏形式为全桩深度的均匀鼓胀,使桩周土达到极限塑性环筒区,这与散体材料桩仅上端鼓出破坏的形态是有所不同的[18]。

通过以上分析可知,上述计算理论都不同程度地存在一些不足,与工程实际情况并不完全相同,如果直接采用上述各理论公式进行计算,其结果会产生误差。在此情况下,要得到比较准确的极限承载力,就需对其公式进行必要的修正。修正公式可以采用下列形式:

$$p_{pf} = k\sigma_{ru}K_p \tag{2-10}$$

式中:K_p——桩身材料被动土压力系数;

$\quad\sigma_{ru}$——桩间土提供的极限侧向应力,可分别由前述5种方法计算得到;

$\quad k$——修正系数。

由表2-6中数据可得各工况下的修正系数,见表2-7。可以看出,Wong H.Y.法的修正系数均大于1,其他方法的修正系数均小于1,且主要介于 0.4~0.8 之间。在所有工况下,Brauns 法和被动土压力法的计算结果与实测数据最为接近,且其修正系数变化不大,故本书建议采用 Brauns 法或被动土压力法的修正公式对不同工况下的挤密砂桩单桩承载力进行计算,

26

修正系数 k 的取值为 $0.67 \sim 0.82$。修正系数 k 的取值是否合适,需要通过更多实际工程进行验证,然后可作进一步的修改。

各工况下的修正系数值　表2-7

工　况	单桩,黏土 (边载约7.5kPa)	单桩,黏土 (无边载)	单桩,淤泥质土 (无边载)
Brauns 法修正系数 k	0.72	0.82	0.71
Hughes-Withers 法修正系数 k	—	0.64	0.56
Wong H. Y. 法修正系数 k	1.14	1.45	1.34
被动土压力法修正系数 k	0.67	0.73	0.71
圆筒形孔扩张理论法修正系数 k	0.41	0.40	0.40

2.4.2　挤密砂桩复合地基结果分析

1)挤密砂桩复合地基沉降主要规律分析

(1)桩径不同对沉降曲线的影响

图2-19 为面积置换率25%、不同桩径条件下复合地基实际荷载-位移曲线。由图看出,25% 机械手刚性板加载(大桩径)试验的荷载-位移曲线与25% 机械手刚性板加载试验基本重合,可认为砂桩桩径对复合地基的沉降变形影响很小。

(2)面积置换率对沉降曲线的影响

图2-20 为在其他条件相同、不同面积置换率下复合地基实际荷载-位移曲线。从图中可以看出,随着上部荷载的增加,在荷载相同情况下,60%面积置换率沉降值最小,25% 面积置换率沉降值最大,40% 面积置换率沉降介于两者之间,这是因为

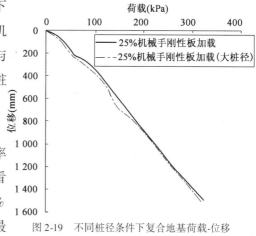

图 2-19　不同桩径条件下复合地基荷载-位移曲线(面积置换率25%)

置换率越大,其复合土层的压缩模量越高,相同荷载作用下地基沉降量越小。

图2-20 同时表明,25% 机械手刚性板加载试验的荷载-位移曲线无明显拐点;由 40% 机械手刚性板加载试验的荷载-位移曲线判断,其比例界限值为 150kPa,极限荷载值约为 240kPa;由 60% 机械手刚性板加载试验荷载-位移曲线判断,极限荷载值约为 390kPa。

(3)位移与固结度随时间变化规律

为了进一步了解和阐述时间对地基土固结沉降的影响,对面积置换率25%、分级加载工况进行了一组长期离心固结试验,得到工况第一级荷载(60kPa)下的位移-时间曲线,见图2-21。

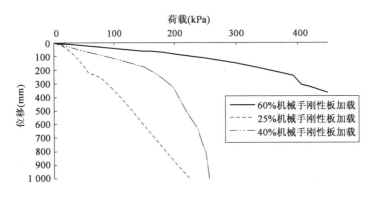

图 2-20　不同面积置换率下复合地基荷载-位移曲线

利用双曲线法对图中数据进行拟合,得到在第一级荷载 60kPa 下固结完成后的沉降量 s_m 为 240.4mm,从而可得到固结度-时间曲线,见图 2-22。由图看出,当固结时间由 0s 增加到 356.5s 时,即现实中的 41d,由沉降曲线推算得到的固结度为 60%。

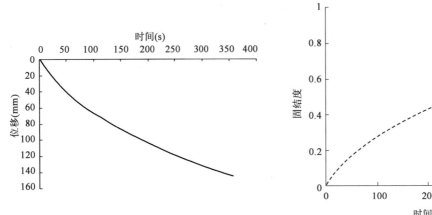

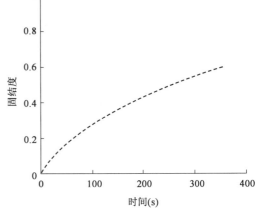

图 2-21　置换率 25%、分级加载(长期)60kPa 下　　图 2-22　面积置换率 25%、分级加载(长期)60kPa 下
　　　　　位移-时间曲线　　　　　　　　　　　　　　　　　固结度-时间曲线

图 2-22 是由实测的时间-沉降曲线推算得到的固结度-时间关系曲线,通过《港口工程地基规范》(JTS 147-1—2010)中固结度的计算公式,假设不考虑涂抹、井阻和竖向排水作用,可反算出地基土的径向排水固结系数 C_h 约为 4.84×10^{-4} cm^2/s,而由实验室实测的固结系数 C_{h0} 为 2.41×10^{-3} cm^2/s,$C_h/C_{h0} = 0.2$,可见存在固结延迟现象。

2)挤密砂桩复合地基破坏形式分析

通常情况下,地基的破坏形式分为整体剪切破坏、局部剪切破坏和刺入剪切破坏。散体材料桩复合地基,可能出现鼓胀破坏、刺入破坏、整体剪切破坏和整体滑动破坏 4 种破坏形式(图 2-23)。现针对离心试验结果,对挤密砂桩复合地基破坏形式进行探讨。

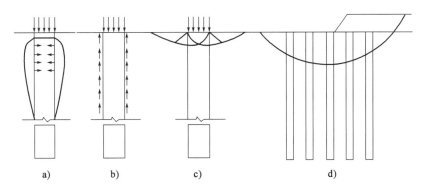

图2-23 散体材料桩复合地基破坏形式

a)鼓胀破坏;b)刺入破坏;c)整体剪切破坏;d)整体滑动破坏

（1）加载方式的影响

面积置换率25%、标准砂散体堆载时的荷载-位移曲线如图2-24所示。图中曲线出现明显拐点,第一个拐点位置大约在60kPa,即比例界限约为60kPa,第二个斜率变化较大的拐点在180kPa左右,即极限荷载约为180kPa。两个拐点较明显,判断地基土发生整体剪切破坏。

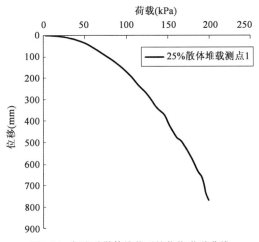

图2-24 标准砂散体堆载下的荷载-位移曲线

机械手刚性板加载试验中,面积置换率25%条件下荷载-位移曲线见图2-19。由其荷载-位移曲线判断,曲线没有明显拐点,即无法确定地基的比例界限荷载和极限承载力值。为了进一步分析破坏模式,利用PIV成图进行分析。

面积置换率25%、机械手刚性板加载试验,PIV技术处理后得到位移变化矢量见图2-25。由图看出,加载板正下方沿深度方向,位移量逐渐减小,加载板所在区域正下方有比较大的向下的位移矢量,而其两侧位移量非常小,证明土体发生明显刺入剪切破坏。加载结束后应变云图如图2-26所示。从图2-26所示的应变云图也可以看出,加载时,加载板正下方的应变最大,沿深度往下应变量逐渐减小。

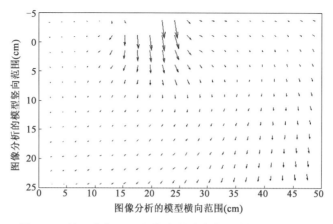

图 2-25 面积置换率 25%、机械手刚性板加载试验位移变化矢量图

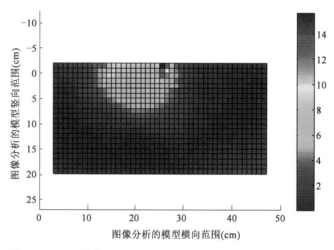

图 2-26 面积置换率 25%、机械手刚性板加载试验加载结束后应变云图

分级加载试验中,面积置换率 25% 条件下荷载-位移曲线并没有出现明显拐点,且在试验过程中发现上覆钢板刺入到地基土中,表明土体可能发生刺入剪切破坏。利用 PIV 成图作验证分析。面积置换率 25%、分级加载试验位移变化矢量图如图 2-27 所示。由图 2-27 可以看出,加载板所在区域正下方沉降量非常大,两侧位移很小。加载结束后应变云图如图 2-28 所示。从图可以看出,加载时,加载板正下方的应变最大,沿深度往下应变量逐渐减小,加载板两侧应变量很小。由此,判断土体发生刺入破坏。

(2) 加载速率的影响

机械手刚性板加载试验中,面积置换率为 40% 的加载速度为 0.5mm/s,得到荷载-位移曲线见图 2-29。其曲线出现两个明显拐点,比例界限值约为 150kPa,极限荷载约为 240kPa。

利用 PIV 成图作验证分析,其位移变化矢量如图 2-30 所示。加载板下部区域土体位移较大,土中形成连续滑动面,土从加载板四周挤出,隆起趋势非常明显,应变也主要集中在该区域(图 2-31),说明地基发生整体剪切破坏。

30

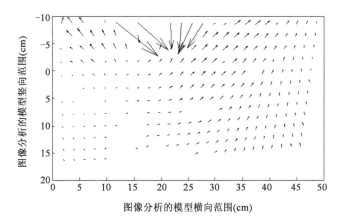

图 2-27　面积置换率 25%、分级加载试验位移变化矢量图

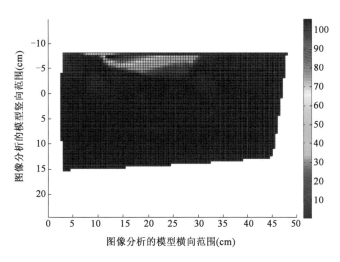

图 2-28　面积置换率 25%、分级加载试验加载结束后应变云图

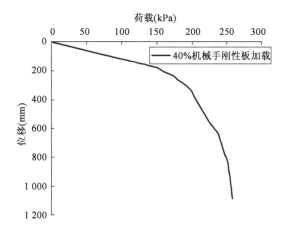

图 2-29　面积置换率 40%、机械手刚性板加载方式下荷载-位移曲线

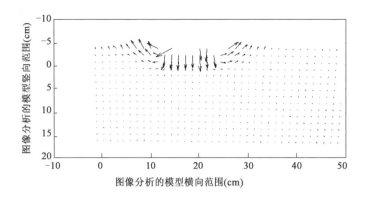

图 2-30　面积置换率 40%、机械手刚性板加载试验结束后的位移变化矢量图

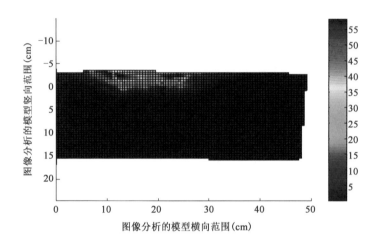

图 2-31　面积置换率 40%、机械手刚性板加载试验结束后的应变云图

如前所述,机械手刚性板加载、面积置换率 25% 的加载速率为 0.005mm/s(慢于机械手刚性板加载、面积置换率为 40% 的加载速率),其地基破坏模式为刺入破坏。可见,地基破坏形式与加载速率因素密切相关。一般情况下,基础埋深较浅时,荷载快速施加,地基将发生整体剪切破坏。

3)挤密砂桩复合地基桩土应力比分析

为反映挤密砂桩复合地基在受荷后的桩土应力比,离心试验中分别在砂桩与土体中布有土压力传感器。机械手刚性板加载和分级加载情况下,土压力传感器布置在加载板中心线下方;散体堆载情况下,土压力传感器布置在标准砂的下方。

试验得到不同加载方式、不同面积置换率全应力状态下的桩土应力比范围(面积置换率 60% 工况下由于桩间距较小,土压力盒无法测量桩间土应力,故未测得该组数据),见表 2-8。

离心试验部分工况的桩土应力比值   表2-8

序号	面积置换率	工 况 简 称	加 载 方 式	桩土应力比值范围
1	25%	25%机械手刚性板加载(淤泥)	利用刚性板,机械手加载	2.5~3.5
2	25%	25%机械手刚性加载(大桩径)	利用刚性板,机械手加载	3.5~4.2
3	25%	25%散体堆载	散体堆载	1.7~2.7
4	25%	25%分级加载(长期)	利用刚性板,分级加载	2.0~2.7(60kPa) 2.7~3.7(120kPa) 2.3~2.5(180kPa)
5	40%	40%机械手刚性板加载	利用刚性板,机械手加载	1.9~2.7

注:表中桩土应力比值均取复合地基未破坏时数据。

从整个试验结果看,桩土应力比的范围在 2~4 之间。该结果与日本工程界积累的工程实测数据相符。为便于比较,取各工况地基处于弹性阶段下的应力状态(80kPa)进行统计分析得出表2-9 和图2-32。经统计分析可以发现,桩土应力比 $n = 2.5 \sim 3$ 所占的比例最高,为 42.9%,其次是 $n = 2 \sim 2.5$,为 28.6%。桩土应力比主要集中在 $n = 2 \sim 3$ 之间,其占比为 71.5%。

桩土应力比分布区间统计   表2-9

桩土应力比 n	百分比(%)	桩土应力比 n	百分比(%)
0~0.5	0	2~2.5	28.6
0.5~1	14.3	2.5~3	42.9
1~1.5	0	3~3.5	0
1.5~2	0	3.5~4	14.3

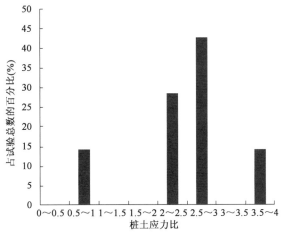

图2-32 桩土应力比 n 的分布区间统计图

结合表2-8 中试验数据,对桩土应力比的变化规律进行详细阐述。

(1)桩土应力比随荷载水平的变化规律

以面积置换率40%、机械手刚性板加载试验为例,试验中在桩顶和土中各埋有 3 个土压力传感器,剔除偏差较大的数据,选取较合适的桩应力和桩间土应力测试值,得到该工况下的桩土应力比,见图2-33。由图看出,其桩土应力比随着荷载的增加而减小,但减小幅度不大,随着荷载的增大,桩身应力逐渐向桩间土转移;当荷载增加到240kPa时,复合地基进入破坏阶段(见荷载-位移曲线,图2-29),此后桩土应力比迅速减小。

(2)面积置换率对桩土应力比变化规律的影响

图2-34为机械手加载、不同面积置换率下复合地基桩土应力比随荷载的变化曲线。

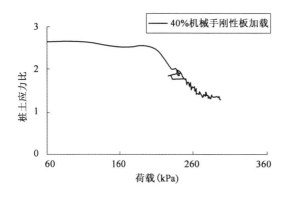

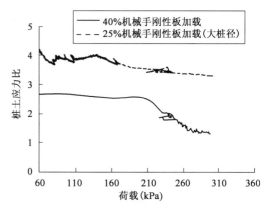

图2-33　面积置换率40%、机械手刚性板加载试验桩土　　　图2-34　不同面积置换率下复合地基荷载-桩土
　　　　　应力比随荷载变化曲线　　　　　　　　　　　　　　　　　应力比曲线

由图2-34可以看出,在地基土未破坏之前,上部加载相同的条件下,面积置换率m越大,桩土应力比n值越小。这主要是因为面积置换率越大,加固效果越好,桩间土分担的荷载比例越大,所以桩与桩间土应力比值越小。

(3)时间因素对桩土应力比变化规律的影响

图2-35所示为面积置换率25%、分级加载(长期)某一级荷载作用下的实际时间与桩土应力比n的关系。由图可见,n随时间的增加而增大,而后趋于平稳。其原因是在加荷前期,桩间土在荷载作用下发生固结和蠕变,使得荷载向桩体集中,从而导致n随时间的增加而增大[19]。在与加载水平的关系上,各组试验结果都呈现类似规律,即在加载初始,随着荷载的增加桩土应力比会逐渐增大,到达某一值后随着荷载的增加保持稳定值,而后当复合地基开始出现破坏时,桩土应力比会随着荷载的增加而减小。从相同面积置换率(25%)两种加载类型的试验结果看,刚性板加载下的桩土应力比明显大于散体加载方式下的桩土应力比,前者为2.5~4.2,后者为1.7~2.7。

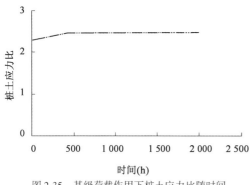

图2-35　某级荷载作用下桩土应力比随时间
　　　　　变化情况

4）挤密砂桩复合地基中孔隙水压力变化规律

（1）孔隙水压力（简称"孔压"）随荷载变化规律

实际试验中，面积置换率25%、分级加载离心试验孔压传感器的埋设位置如图2-36所示，距地表5m处布有两个孔隙水压力传感器。由图看出，其中一个布在加载板正下方（孔压1），另一个布在距离加载板边缘水平距离约12m处（孔压3），此外距地表10m处布有一个孔隙水压力传感器（孔压2）。此工况下静水位高出地表约1m。

图2-37为面积置换率25%、分级加载条件下，距土体表面5m处（孔压1）实际孔压在离心加速度不变阶段随荷载的变化曲线。由图可知，当上覆荷载从0增加到180kPa时，孔隙水压力从60kPa增长到137kPa，该点的静水压力为60kPa，从而得到超孔隙水压力从0增加到77kPa。与该点地基土的附加应力增值相比，超孔隙水压力增值较小，这是因为在离心加载过程中，同时伴随着土体的固结沉降，超孔压产生消散，所以在加载过程中测得的孔隙水压力的变化曲线不是单单反映荷载增加引起的孔压升高，而是反映地基中的孔隙水压力受荷载增加以及土体固结沉降这两个同时发生的过程，其测试数值是两者叠加的结果。

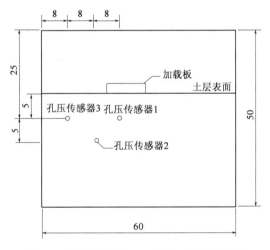

图2-36　面积置换率25%、分级加载孔压传感器
　　　　布置剖面示意图（尺寸单位：m）

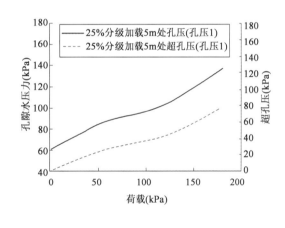

图2-37　25%分级加载试验孔压随荷载变化曲线

在面积置换率25%、机械手刚性板加载离心试验条件下，离心加速度不变阶段，距土体表面6m深度处实际孔压随荷载的变化曲线见图2-38。可见，在整个加载过程中其变化与图2-37反映的规律是一致的。

（2）孔隙水压力消散与地基破坏形式的关系

图2-39为面积置换率40%、机械手刚性板加载条件下，距土层表面5.5m处孔压随荷载变化曲线。该点处的静水压力为65kPa。

由图2-39看出，曲线斜率在荷载240kPa处发生突变。当荷载未达到240kPa时，曲线斜率较缓，超孔压仅增加了约17kPa，此数值是孔隙水压力受荷载增大和地基土固结两者叠加的结果。当上覆荷载达到 240kPa 后，超孔隙水压力曲线陡增，这是由于当荷载达到 240kPa 时，地基土进入破坏阶段，导致土体的排水通道受到破坏，孔隙水不能顺利排出的缘故，地基土中超孔隙水短时间内来不及消散，地基更容易呈现剪切破坏。

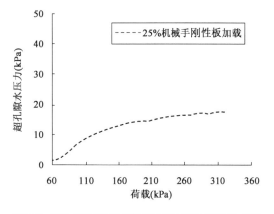

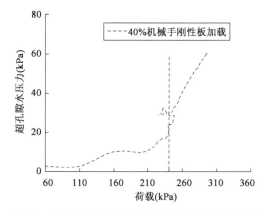

图 2-38　25%机械手刚性板加载试验孔压随荷载变化曲线　　图 2-39　40%机械手刚性板加载试验超孔压随荷载变化曲线

面积置换率 25%、机械手刚性板加载条件下，距土体表面 6m 深度处孔压随荷载的变化曲线见图 2-38。该点处的静水压力为 70kPa。由图 2-38 看出，一开始加载过程中，曲线斜率较陡，超孔隙水压力增加较快，但增幅不大；当荷载达到 140kPa 后，随着荷载的继续增加，超孔压曲线变缓，表明大部分超孔隙水伴随加载过程已消散，地基土随着上覆荷载的增加产生的附加应力很快地转化为土的有效应力，从而使土体较快完成固结，导致地基土荷载-位移曲线无明显拐点，地基破坏模式属于刺入破坏。

5) 挤密砂桩复合地基承载力计算

采用复合地基的复合内摩擦角和黏聚力，根据式(1-1)～式(1-3)，可对复合地基承载力进行计算。不同工况下的桩土应力比可根据离心试验数据进行取值，见表 2-10。

离心试验不同工况下复合地基桩土应力比取值　　表 2-10

面积置换率	工 况 简 称	荷载-位移曲线拐点值	桩土应力比
25%	机械手刚性板加载(淤泥)	105kPa(比例界限值) 130kPa(极限荷载值)	3.45(对应比例界限值) 2.55(对应极限荷载值)
40%	机械手刚性板加载	150kPa(比例界限值) 240kPa(极限荷载值)	2.52(对应比例界限值) 2.02(对应极限荷载值)
60%	机械手刚性板加载	390kPa(极限荷载值)	1.5

注：面积置换率 60%的桩间距较小，无法准确布置土压力传感器，故表中数值按经验取值。

根据不同工况下土体和桩体强度指标值，可计算出挤密砂桩加固后地基土层的复合内摩擦角标准值和黏聚力标准值，见表 2-11。

离心试验不同工况下复合地基强度指标表　　　　　　　　　　　表 2-11

面积置换率	工况简称	桩间土 φ_s (°)	桩间土 c_s (kPa)	桩体 φ_p (°)	复合 φ_{sp} 计算值 (°)	复合 c_{sp} 计算值 (kPa)
25%	机械手刚性板加载(淤泥)	12.5	12	32	23.6(对应比例界限值) 22.1(对应极限荷载值)	9
40%	机械手刚性板加载	19.2	14	32	27.5(对应比例界限值) 26.9(对应极限荷载值)	8.4
60%	机械手刚性板加载	16	16	38	32.2	6.4

注:表中桩间土 φ_s 和 c_s 数值均取自相关地质勘察报告,桩体 φ_p 为经验估测值。

(1)根据《港口工程地基规范》(JTS 147-1—2010)计算

采用复合内摩擦角和黏聚力,利用《港口工程地基规范》(JTS 147-1—2010)计算得到复合地基极限承载力值[20],其中荷载计算面宽度取 12m,计算结果见表 2-12。

$$p_u = 0.5\gamma_k b N_\gamma i_\gamma s_\gamma d_\gamma + q_k N_q i_q s_q d_q + c_k N_c i_c s_c d_c \qquad (2-11)$$

式中:　p_u——极限承载力竖向应力平均值(kPa);

γ_k——计算面以下土的重度标准值(kN/m³),水下用浮重度;

i_γ、i_q、i_c——荷载倾斜系数;

s_γ、s_q、s_c——荷载形状系数;

d_γ、d_q、d_c——深度系数;

q_k——计算面以上边载的标准值(kPa);

c_k——黏聚力的标准值(kPa);

N_γ、N_q、N_c——地基土处于极限状态下的承载力系数。

离心试验不同工况下复合地基极限承载力值　　　　　　　　　　表 2-12

面积置换率	工况简称	复合 φ_{sp} 计算值 (°)	复合 c_{sp} 计算值 (kPa)	复合地基极限承载力计算值 (kPa)
25%	机械手刚性板加载(淤泥)	22.1	9	413.1
40%	机械手刚性板加载	26.9	8.4	758.4
60%	机械手刚性板加载	32.2	6.4	1 417.6

(2)根据《建筑地基基础设计规范》(GB 50007—2011)计算

采用复合内摩擦角和黏聚力,根据《建筑地基基础设计规范》(GB 50007—2011)规定[21],利用式(2-12)可得复合地基承载力特征值,计算结果见表 2-13。

$$f_a = M_b \gamma b + M_d \gamma_m d + M_c c_k \qquad (2-12)$$

式中:　f_a——地基承载力特征值(kPa);

b——基础底面宽度,大于 6m 取 6m,对于砂土小于 3m 时按 3m 计算;

γ_m——基础底面以上土的加权平均重度(kN/m³);

c_k——基底下一倍短边宽度的深度范围内土的黏聚力标准值(kPa);

M_b、M_d、M_c——承载力系数。

离心试验不同工况下复合地基承载力特征值计算结果　表 2-13

面积置换率	工 况 简 称	复合 φ_{sp} 计算值(°)	复合 c_{sp} 计算值(kPa)	承载力特征值(kPa)
25%	机械手刚性板加载(淤泥)	23.6	9.0	89.4
40%	机械手刚性板加载	27.5	8.4	123.6
60%	机械手刚性板加载	32.2	6.4	180.6

注:表中数据由比例界限值对应的桩土应力比计算得到。

(3)根据桩土应力比计算

当无现场资料时,复合地基承载力特征值可按式(1-9)或式(1-10)计算。根据《建筑地基基础设计规范》(GB 50007—2011)规定,由式(1-10)可得桩间土天然地基承载力特征值,其中荷载计算面宽度 b 按6m取值。

运用式(1-10)计算得复合地基承载力特征值,计算结果见表 2-14。

计算的不同工况下复合地基承载力特征值　表 2-14

面积置换率	工 况 简 称	桩土应力比取值	计算复合地基承载力特征值(kPa)
25%	机械手刚性板加载(淤泥)	3.45	103.4
40%	机械手刚性板加载	2.52	160.2
60%	机械手刚性板加载	1.5	125.9

为便于比较各种计算理论的差异,将前面计算方法的计算结果汇总,进行比较分析,汇总结果见表 2-15。表中面积置换率25%、机械手刚性板加载(淤泥)工况下读取的比例界限值较大,这是因为该工况的加载速率较慢(0.005mm/s),在加载过程中地基土发生固结,使地基承载力有所增加。当超过比例界限值后,随着上部荷载的继续增加,淤泥质土的塑性变形迅速增大,地基进入破坏阶段,因此其极限荷载值与比例界限值相接近。

通过表 2-15 可以发现,由《港口工程地基规范》(JTS 147-1—2010)计算得到的极限承载力值偏高,这主要是因为公式中对计算面宽度取值并未做明确规定,而其对计算结果的影响又十分显著,计算面宽度过大,得到的承载力值会很高。在设计计算中应注意板宽的影响,若是以承载力作为主要控制因素的工程,建议采用多种计算方法进行综合分析取值。桩土应力比法在高置换率时计算得到的特征值与实测值偏差较大,主要是由于桩间土参数的取值问题,在挤密砂桩置换率较高时,其桩间土参数也将随之有较大的提高,但是由于一般设计时较难获得加固后的桩间土参数,只能利用原状土的指标进行设计计算,而此时取的桩土应力比又较小,所以就造成了计算值与实测值相差较大。由《建筑地基基础设计规范》(GB 50007—2011)计算的地基承载力特征值与试验实测值较为接近,这主要是因为规范中考虑了地基塑性区的发展,根据地基中的应力分布和土的极限平衡状态理论可以得到基础下塑性区开展的最大深度,最大深度取基础宽度的1/4,即临界荷载为 $P/4$,《建筑地基基础设计规范》(GB 50007—2011)中的公式是经过修正的 $P/4$ 公式,并对基础宽度的最大取值做出了相应的规定,该公式适用于条形基础,1/4 塑性区时地基已处于局部极限平衡状态,但尚未整体失稳,地基强度已比较充分发挥,得到的计算结果也比较符合实际情况。对于挤密砂桩复合地基来说,地基加固后复合地基的综合物理力学性能指标提高主要体现在内摩擦角的增长,因此,运用上述理论计算时应注意内摩擦角对承载力提高的影响。地基承载力特征值计算公式中桩土应力比的选取是关键,所以需要积累不同地区、不同地质情况的实测资料,以便在今后工程设计与施工中应用。

不同工况下复合地基承载力计算结果对比表　　　　　　　　　　表2-15

工况简称	《港口工程地基规范》计算极限承载力(kPa)	《建筑地基基础设计规范》计算承载力特征值(kPa)	式(1-10)计算承载力特征值(kPa)	实测值(kPa)	实际位移-荷载曲线图
25%机械手刚性板加载(淤泥)	413.1	89.4	103.4	比例界限值:105 极限荷载值:130	
40%机械手刚性板加载	758.4	123.6	160.2	比例界限值:150 极限荷载值:240	

工况简称	《港口工程地基规范》计算极限承载力（kPa）	《建筑地基基础设计规范》计算承载力特征值（kPa）	式(1-10)计算承载力特征值（kPa）	实测值（kPa）	实际位移-荷载曲线图
60%机械手刚性板加载	1 417.6	180.6	125.9	比例界限值：390	

6）泥面隆起分析

在模型箱中进行打桩时，模型箱中的土体会发生隆起，在现场施工时也有相同的现象出现。这主要是由于挤密砂桩的打入以及扩径效应导致桩体周围土体发生挤出，从而隆起。由于在打桩时模型箱整个区域内各个点的泥面隆起面并不均匀，所以在记录时，分别测出各部分的泥面隆起量，然后取平均值。

60%机械手刚性板加载工况，试验土体宽度400mm，长度600mm，泥面隆起量的测量点共3排（图2-40），各排测点的隆起量值见图2-41。由图2-41中曲线与坐标轴围成的面积与相对应土体宽度相乘可得出泥面的总隆起量为15 747cm³，已知试验土体总宽度和总长度，继而可推算出泥面平均隆起量为6.6cm。此外，该组试验打设的总桩数共计290根，桩长25cm（桩径1.8cm），由此可得灌入的总砂量为18 439.65cm³，隆起率（泥面隆起量与总砂量之比值）为0.85，隆起比偏大。其主要原因可能是由于模型箱的存在，给砂桩施加了侧限条件，挤密的土体不能向四周扩散的缘故。

2.4.3 复合地基承载力与单桩承载力关系初探

在能确定复合地基桩土应力比的情况下，复合地基的极限承载力 p_{cf} 的表达式如下：

$$p_{cf} = K_1 p_{pf} \frac{1 + m(n-1)}{n} \tag{2-13}$$

式中:p_{pf}——单桩极限承载力(kPa);

K_1——反映复合地基中桩体实际极限承载力与单桩极限承载力不同的修正系数,一般大于1.0。

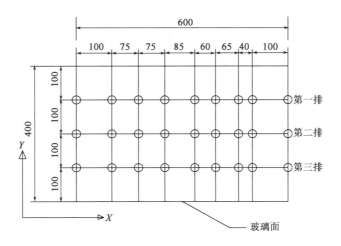

图2-40 泥面隆起量的测点示意图(尺寸单位:mm)

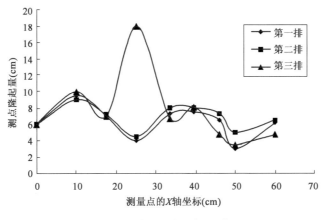

图2-41 各排测点的隆起量值

通过式(2-13)可对自由单桩和复合地基极限承载力关系进行定量分析,公式中需确定的参数仅有修正系数K_1。自由单桩和复合地基极限承载力实测值以及推算出的修正参数K_1,见表2-16。可见,面积置换率25%黏性土工况下的修正系数K_1为2.18,面积置换率25%淤泥质土工况下的修正系数K_1为1.84;面积置换率40%、机械手刚性板加载黏性土工况下的K_1为2.15;置换率60%、机械手刚性板加载黏性土工况下的K_1为2.81。

需要说明的是,本节参数K_1的取值仅由离心试验个别工况推算得到,其值是否合理尚需进一步验证。另外,不同置换率和不同土体下K_1的取值也会不同,需要在积累大量不同工程实例的基础上,方能提出合理取值范围。

修正系数 K_1 计算值 表 2-16

承载力类型	工　　况	实测的极限承载力（kPa）	实测桩土应力比	修正系数 K_1 的计算值
自由单桩承载力	单桩加载,无边载	160	—	—
	单桩加载(淤泥),无边载	130	—	—
复合地基承载力	25%散体堆载,无边载	180	2.82	2.18
	25%机械手刚性板加载（淤泥）,无边载	130	2.55	1.84
	40%机械手刚性板加载,无边载	240	2.02	2.15
	60%机械手刚性板加载,无边载	390	1.5(估值)	2.81

2.5　本　章　小　结

本章通过挤密砂桩自由单桩离心试验,研究分析散体材料桩单桩承载力的计算理论;通过挤密砂桩复合地基离心试验,充分了解了挤密砂桩对提高软土地基承载力的作用,并研究分析挤密砂桩复合地基的相关计算理论。主要结论如下:

(1)挤密砂桩自由单桩离心试验结果表明,不同土质和地表荷载的存在会对挤密砂桩单桩承载力产生影响,地基土为黏性土的单桩承载力比淤泥质土的单桩承载力大;土体表面有荷载时的单桩极限承载力比无荷载时的单桩极限承载力大。应用 Brauns 法、Hughes-Withers 法、Wong H. Y. 法、被动土压力法以及圆筒形孔扩张理论法对单桩承载力进行计算。通过计算可知,Brauns 法和被动土压力法的计算结果与离心试验结果最为接近,且其修正公式的修正系数变化不大,故建议采用 Brauns 法或被动土压力法的修正公式对不同工况下的挤密砂桩单桩承载力进行计算,但修正系数的确定还需积累大量的实测资料来对其进行验证,以便在今后工程设计与施工中广泛应用。

(2)挤密砂桩复合地基离心试验结果表明,复合地基的沉降变化规律主要与砂桩桩径、面积置换率等因素有关;复合地基的破坏形式主要与荷载的加载方式、加载速率和面积置换率有关;桩土应力比主要与面积置换率和时间密切相关;桩间土体孔隙水压力主要受地基的破坏形式和荷载加载速率影响较大。根据复合地基离心试验结果,分别利用《港口工程地基规范》(JTS 147-1—2010)、《建筑地基基础设计规范》(GB 50007—2011)中公式和桩土应力比法对试验工况进行计算,通过比较分析,由《建筑地基基础设计规范》(GB 50007—2011)计算的地基承载力特征值与试验实测值较为接近,但运用理论公式计算地基承载力时,桩土应力比的选取是关键,所以需要积累不同地区、不同地质情况的实测资料,以便在今后工程设计与施工中应用。

　　(3)通过离心试验结果,运用桩土应力比法对挤密砂桩的单桩承载力和复合地基承载力定量关系进行了探讨。通过离心试验可以发现挤密砂桩的自由单桩承载力与复合地基承载力存在一定的必然联系,但其相关关系有待于进一步研究,因此在设计时,建议采用复合参数值运用规范公式直接计算复合地基承载力大小;桩土应力比的选取是挤密砂桩设计时的关键,需要积累不同地区、不同地质情况的实测资料,缺少相关资料的情况下,可取 2~4 用来设计计算;在设计时,尤其是高面积置换率情况下,还需考虑泥面隆起的影响。

第3章 港珠澳大桥人工岛工程挤密砂桩地基加固设计

3.1 概　　述

本章介绍港珠澳大桥人工岛工程中的挤密砂桩设计,并对其设计方法进行详解。

港珠澳大桥岛隧工程在外海深厚软土地基中填筑人工岛和修建沉管隧道,需要采用一种安全可靠、风险低的地基加固方法来保证软土地基稳定、控制软土地基工后沉降。岛隧工程东、西人工岛采用永久的抛石斜坡堤和临时钢圆筒结构相结合的岛壁结构,即利用大直径钢圆筒形成筑岛围堰,再在钢圆筒围堰外侧采用传统抛石斜坡堤形成护岸。东、西人工岛具有软土层厚度大、强度低、不均匀、压缩性高等特点,为减小护岸结构设计断面、加快护岸形成速度,需选用一种可快速提高地基土强度的地基加固方法。

常见的软基处理方法有排水固结法、碎石桩法、水泥土搅拌桩法、挤密砂桩法等。排水固结法处理软土时其强度增长缓慢,不利于快速形成护岸;碎石桩法一般要求土体强度不小于20kPa时才能保证成桩质量;水泥土搅拌桩法施工速度慢、造价高、对环境影响相对较大;挤密砂桩法依托于成桩材料及成桩工艺在软弱淤泥土中成桩质量可靠,且每条挤密砂桩船可配备3～5根套管,施工速度快,挤密砂桩用于本工程岛壁护岸地基加固优势显著。综合考虑工期、环保、经济性等方面的要求,岛壁护岸地基处理采用局部开挖换填 + 挤密砂桩的方案,其中东人工岛开挖至 – 18.0m,西人工岛开挖至 – 16.0m。

港珠澳大桥岛隧工程东、西人工岛岸壁及沉管隧道东、西过渡段共采用了约 120 万 m³ 挤密砂桩,其中东、西岛岸壁地基分别约 30 万 m³ 挤密砂桩,沉管隧道东、西过渡段分别约 30 万 m³ 挤密砂桩。不同区段的挤密砂桩功能作用不同,岸壁处挤密砂桩复合地基主要起到保证地基稳定的作用,救援码头处挤密砂桩复合地基主要起到提高地基承载力、保证稳定及控制沉降的作用,沉管隧道过渡段处挤密砂桩复合地基主要起到控制工后沉降的作用。本章介绍挤密砂桩在东、西人工岛岸壁及救援码头中的应用。

3.2　建　设　条　件

3.2.1　气象

东、西人工岛位于珠江口外伶仃洋海域,北靠亚洲大陆,南临热带海洋,属南亚热带海洋性季风气候区,受欧亚大陆和热带海洋的交替影响,气候温暖潮湿,天气复杂多变,灾害性天气频繁。年平均气温22.3～23℃,历年极端最高和极端最低气温分别为38.9℃和－1.8℃。多年平均降水量介于1 800～2 300mm之间。年内降水主要集中在汛期(4～9月),约占全年降水的83%～86%;冬半年(10月至翌年3月)降水只占全年的14%～17%。

本区域年盛行风向以东南偏东和东风为主,但季节变化明显。

本区域雾天主要发生在每年的1～4月,其中以3月为最多,平均7.3d。雷暴天气主要集中出现在4～9月,占全年的89%～93%,11月至翌年1月较少出现雷暴天气。

本区域灾害性天气主要有热带气旋、暴雨、龙卷风、雷击、短时雷雨大风,其中热带气旋强度高、频率高、灾害重,是对工程勘察设计、建设和营运具有严重威胁的自然灾害之一[6-7]。

3.2.2　水文

1)设计水位

设计水位见表3-1。

设　计　水　位 表3-1

重现期(年)	高水位(m)	低水位(m)
1 000	4.19	－1.75
500	3.98	－1.67
300	3.82	－1.63
200	3.69	－1.57
100	3.47	－1.51
50	3.26	－1.44
20	2.97	－1.35
10	2.74	－1.27
5	2.51	－1.2
2	2.15	－1.08
平均水位	0.54	
高潮累积频率10%	1.65	
低潮累积频率90%	－0.78	

2）潮流

（1）潮流概况

伶仃洋内潮流基本为沿槽线走向的周期性往复流,内伶仃岛以内流向以 NNW~SSE 向为主,内伶仃岛以外流向转为 S~N 向。潮流动力东部水域较强,西部水域较弱,落潮流速一般大于涨潮流速。

观测期间,涨潮的最大流速在 100~144cm/s 之间,落潮的最大流速在 96~199cm/s 之间;涨潮的平均流速在 26~39cm/s 之间,落潮的平均流速在 25~53cm/s 之间。大潮涨潮的平均流速在 24~35cm/s 之间,落潮的平均流速在 33~66cm/s 之间;小潮涨潮的平均流速在 24~35cm/s 之间,落潮的平均流速在 16~38cm/s 之间。涨潮的流向以偏 N 为主,落潮的流向多为偏 S 向。

（2）设计流速

设计工况下的设计流速应取用重现期百年一遇的流速,隧道东侧为 180cm/s,隧道西侧为 188cm/s;极端工况下的设计流速应取用重现期三百年一遇的流速,隧道东侧为 183cm/s,隧道西侧为 192cm/s。

（3）波浪

港珠澳大桥桥位波浪统计与分析采用了实测波浪资料,前期周年资料时间段为 2007 年 4 月 1 日 00:00 至 2008 年 3 月 31 日 23:00,后期资料时间段为 2008 年 6 月 1 日 00:00 至 2008 年 10 月 31 日 23:00。根据实测波浪数据绘制的波玫瑰图如图 3-1 所示。

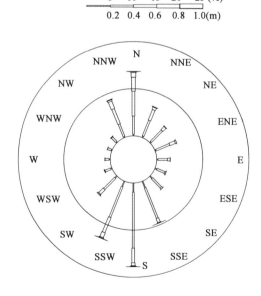

图 3-1　Hs 玫瑰分布图（04/2007~03/2008;06/2008~10/2008）

3.2.3　地形地貌与泥沙

1）地形地貌

港珠澳大桥工程场地大致可分为三大地貌区:西部丘陵区、东部低山丘陵区、中部伶仃洋水域。

隧道区位于港珠澳大桥线路中部附近,属于伶仃洋水域。地貌单一,呈海积平原状。海底地形较平坦,泥面高程一般为 –12.0 ~ –7.0m。勘察外业结束时(2011 年 5 月 26 日),因为现场施工、疏浚影响,西人工岛一带(里程 K12 +588 ~ K12 +751)海床面高程最深约达 –16m,临时航道区(里程 K11 +200 ~ K11 +500)海床面高程最深约达 –16m,伶仃洋主航道(南北走向,里程 K10 +400 ~ K10 +600)海床面高程最深约达 –18m。

2）泥沙

本工程附近水域的含沙量分布特点是西侧高于东侧,落潮大于涨潮。涨、落潮平均含沙量为 0.012kg/m^3,实测最大含沙量为 0.141kg/m^3。

3.2.4　工程地质

1）主要土层分布[6-7]

（1）第一大层

①1 淤泥 ~ 淤泥质黏土（Q_4^m）:灰色,饱和,流塑 ~ 软塑,滑腻,偶含少量细砂及贝壳碎,局部含少量腐木,平均标贯击数 $N < 1$ 击。该层厚达 $3.50 ~ 25.40\text{m}$,平均厚度约 13.4m。所有钻孔揭露,连续分布。

①4 中砂（Q_4^m）:灰色,饱和,松散,以中砂为主,混大量贝壳碎和淤泥,偶含少量腐木碎,平均标贯击数 $N < 2$ 击。该层厚达 $0.40 ~ 3.30\text{m}$,平均厚度约 13.4m。

（2）第二大层

②1 黏土（Q_3^{al+pl}）:灰黄色为主,含灰色等,湿,可塑为主,含少量细砂或夹薄层细砂,局部含少量泥质结核,平均标贯击数 $N = 12.5$ 击。该层厚达 $0.60 ~ 10.50\text{m}$,平均厚度约 2.80m。该层较连续分布。

②2 粉细砂（Q_3^{al+pl}）:灰黄色、黄色,饱和,中密,颗粒级配差,含较多黏粒,夹少量薄层黏土,平均标贯击数 $N = 16.0$ 击。该层厚达 $0.40 ~ 1.60\text{m}$,平均厚度约 1.0m。

（3）第三大层

③1 黏土（Q_3^{mc}）:灰色、浅灰色为主,稍湿,可塑 ~ 硬塑为主,含粉细砂或偶夹薄层细砂,局部含少量贝壳碎及泥质结核,平均标贯击数 $N = 12.9$ 击。该层厚达 $0.90 ~ 39.3\text{m}$,平均厚度约 12.3m。全区较连续分布,分布厚度差异较大。

③2 黏土夹砂(Q_3^{mc})：灰色，稍湿，可塑~硬塑为主，夹多层薄层细砂，局部呈互层状或砂夹黏土状，平均标贯击数 $N=24.4$ 击。该层厚达 $0.80~19.2m$，平均厚度约 $7.3m$。全区较连续分布。

③3 粉细砂(Q_3^{mc})：灰色、深灰色为主，饱和，中密~密实为主，颗粒级配差，含少量黏粒，局部含少量贝壳碎，局部夹薄层黏土，平均标贯击数 $N=26.4$ 击。该层厚达 $0.30~6.3m$，平均厚度约 $2.0m$。全区较大部分分布。

③4 中砂(Q_3^{mc})：灰色、灰黄色为主，饱和，中密~密实为主，颗粒级配较差，含少量黏粒，局部夹薄层黏性土，平均标贯击数 $N=31.7$ 击。该层厚达 $0.30~7.4m$，平均厚度约 $2.1m$。多呈透镜体分布。

（4）第四大层

④1 黏土(Q_3^{al+pl})：灰色为主，含灰色、深灰色，稍湿，以硬塑为主，含少量细砂，局部含少量腐木及贝壳碎，偶夹薄层黏土，平均标贯击数 $N=30.3$ 击。该层厚达 $0.20~15.0m$，平均厚度约 $3.1m$。

④2 粉细砂(Q_3^{al+pl})：浅灰色、灰色为主，含灰绿色，饱和，中密~密实为主，颗粒级配较差，含少量黏粒，偶含腐木碎，平均标贯击数 $N=43.8$ 击。该层厚达 $0.0~15.3m$，平均厚度约 $2.7m$。

④3 含砾细砂(Q_3^{al+pl})：浅灰绿色，饱和，中密~极密实，颗粒级配差，含较多角砾，平均标贯击数 $N=38.5$ 击。该层厚达 $1.0~1.5m$，平均厚度约 $1.2m$。仅存在于个别区域。

④4 中砂(Q_3^{al+pl})：灰色、灰黄色、灰绿色为主，饱和，密实~极密实为主，颗粒级配较好，含少量圆砾，偶含钙质胶结，平均标贯击数 $N=50.2$ 击。该层厚达 $0.0~53.8m$，平均厚度约 $1.2m$。全区连续分布。

④5 含砾粗砂(Q_3^{al+pl})：灰色、灰黄色、灰绿色为主，饱和，密实~极密实为主，颗粒级配较好，含较多圆砾，平均标贯击数 $N=64.7$ 击。该层厚达 $0.1~27.4m$，平均厚度约 $6.1m$。在全区断续分布，主要以透镜体状分布为主，分布不连续，部分钻孔在该层终孔。

④6 圆砾(Q_3^{al+pl})：灰色、灰黄色、灰绿色为主，饱和，极密实为主，颗粒级配较差，含较多中砂和粗砂，平均标贯击数 $N=89.8$ 击。该层厚达 $0.1~17.7m$，平均厚度约 $4.0m$。在全区断续分布，主要以透镜体状分布为主，分布不连续，部分钻孔在该层终孔。

（5）基岩层

⑦1 全风化混合片岩(Z)：青灰色，岩芯呈砂质黏性土状，原岩结构破坏但尚可辨认，手捏易散，遇水软化崩解，平均标贯击数 $N>50.0$ 击。该层平均厚度约 $2.7m$。

⑦2 强风化混合片岩(Z)：深灰色、灰绿色、褐黄色，原岩结构清晰，岩芯呈砂质黏性土状~半岩半土状，手捏易散，遇水软化崩解，平均标贯击数 $N>50.0$ 击。该层平均厚度约 $1.1m$。

⑦3 中风化混合片岩(Z):灰黑色、灰白色为主,粗粒结构,块状构造,岩体破碎,风化裂隙较发育,裂隙面多闭合,粗糙,平均标贯击数 $N > 50.0$ 击。该层平均厚度约 1.1m。

2)主要土层物理、力学指标

各土层的主要物理力学参数见表3-2~表3-6。

各土层天然密度一览表(单位:g/cm³)   表3-2

层号	①1	①4	②1	②2	③1	③2	③3
建议值	1.62	1.63	1.87	1.86	1.81	1.85	1.92
层号	③4	④1	④2	④3	④4	④5	④6
建议值	1.92	1.90	2.00	2.00	2.03	2.05	2.05

各土层天然孔隙比一览表   表3-3

层号	①1	②1	③1	③2	③3	③4
建议值	1.723	0.866	1.052	0.958	0.826	0.7
层号	④1	④2	④3	④4	④5	④6
建议值	0.827	0.65	0.55	0.47	0.46	0.46

固结试验成果一览表   表3-4

层号	①1			②1			③1			③2		
指标	C_c	C_s	OCR	C_c	C_s	OCR	C_c	C_s	OCR	C_c	C_s	OCR
平均值	0.69	0.054	0.94	0.27	0.03	1.52	0.46	0.02	2.16	0.34	0.03	1.49
最大值	1.05	0.08	1.61	0.43	0.06	2.79	0.71	0.04	3.85	0.53	0.04	2.25
最小值	0.42	0.01	0.68	0.18	0.02	1.08	0.19	0.01	1.05	0.2	0.01	0.90
统计个数	20	20	20	14	14	12	15	18	18	26	26	26
标准差	0.14	0.02	0.23	0.08	0.01	0.47	0.14	0.01	0.82	0.10	0.01	0.42
变异系数	0.20	0.55	0.24	0.28	0.47	0.31	0.31	0.39	0.38	0.28	0.29	0.28

注:表中 C_c 表示压缩指数,C_s 表示回弹指数,OCR 表示超固结比。

粗粒土压缩模量成果一览表   表3-5

层位	①4	②2	③3	③4	④2	④3	④4	④5	④6
平均值(MPa)	17.8	28.8	37.9	39.0	40.4	41.6	54.1	62.5	104.0

不排水抗剪强度成果一览表   表3-6

层位	①1	②1	③1	③2	④1
平均值(kPa)	23.0	42.7	124.0	129.6	168.2

3.3 桥隧转换人工岛挤密砂桩复合地基设计

3.3.1 挤密砂桩加固范围

港珠澳大桥桥隧转换人工岛分东人工岛、西人工岛,共设置两种类型的挤密砂桩:一种是低置换率挤密砂桩,用于加固岸壁斜坡堤地基保证岸壁结构的稳定;另一种是高置换率挤密砂桩,用于加固救援码头地基保证地基整体稳定及控制工后沉降[3]。东、西人工岛挤密砂桩布置如图3-2、图3-3所示。

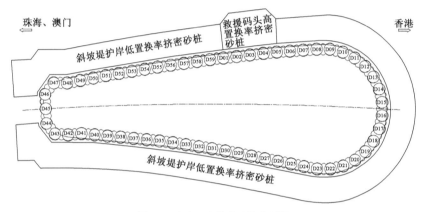

图 3-2 东人工岛挤密砂桩布置图

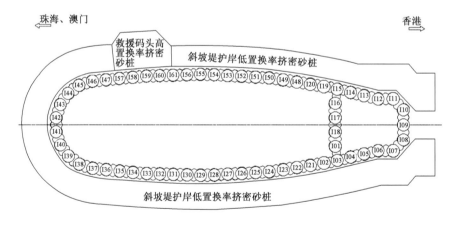

图 3-3 西人工岛挤密砂桩布置图

3.3.2 岸壁斜坡堤低置换率挤密砂桩设计

1)低置换率挤密砂桩设计流程

根据岸壁斜坡堤的施工及使用特点,斜坡堤下的低置换率挤密砂桩主要起到提高地基抗剪强度保证地基整体稳定的作用,挤密砂桩加固软土地基不仅具有置换作用而且具有加快软土排水固结的作用,施工过程中控制斜坡堤的施工速率使软土地基在施工期完成主固结沉降,故不须特别关注斜坡堤下挤密砂桩的工后沉降。首先假定斜坡堤下挤密砂桩的置换率并计算复合地基抗剪强度参数指标 c、φ,再根据复合地基抗剪强度指标计算斜坡堤整体稳定性,经过反复验算确定合理的挤密砂桩置换率,再通过试桩试验确定桩的直径,最后由施工船舶确定桩的最终间距。详细的设计流程见图3-4。低置换率挤密砂桩护岸断面如图3-5所示。

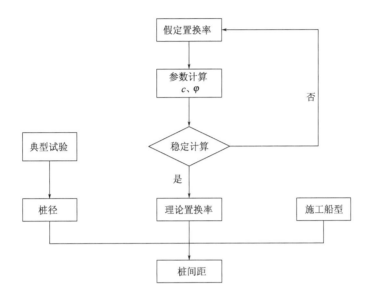

图3-4　挤密砂桩整体稳定详细设计流程图

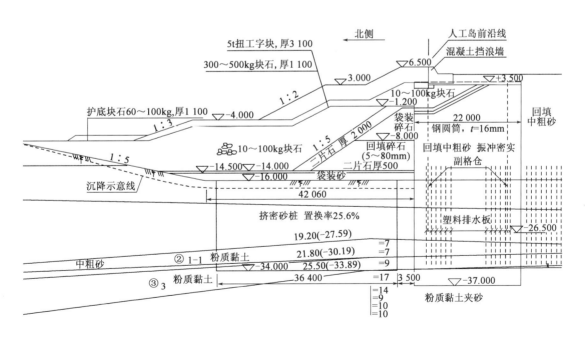

图3-5　低置换率挤密砂桩护岸断面(尺寸单位:mm;高程单位:m)

2）斜坡堤低置换率挤密砂桩复合地基稳定计算

（1）稳定计算工况

①施工期稳定计算。

土层采用快剪指标，只考虑挤密砂桩的置换作用，不考虑海侧护岸结构施工过程中的地基土强度增长，复合土体综合强度指标采用面积比法计算。

②使用期稳定计算。

使用 Ⅰ 期：使用前期，钢圆筒仍然存在，假设圆弧不经过圆筒。砂桩处理区土层以及岛内排水板处理部分的土层采用固快指标，其他均采用快剪指标。

使用 Ⅱ 期：使用后期，圆筒腐蚀、变薄，即假设圆筒不存在。在这种情况下，砂桩处理区及圆筒以下土层在荷载作用下已经固结，其范围内均采用固快指标。

（2）稳定计算标准

采用简单条分法和 Bishop 法进行整体稳定圆弧滑动计算，相关标准如下：

施工期安全系数，简单条分法 $k \geq 1.0$。

使用期安全系数，Bishop 法 $k = 1.3 \sim 1.5$，简单条分法 $k = 1.1 \sim 1.3$，挑选典型断面按复合滑动面法 $k \geq 1.3$。采用部分快剪指标时安全系数适当降低，全部采用固快指标时取中值。

地震工况，按简单条分法 $k \geq 1.1$ 控制。

稳定计算过程中，施工期护岸分阶段抛填至 +3.0m 高程时，不考虑海侧护岸结构施工过程中的地基土强度增长。从 +3.0m 高程到顶要求至少 3 个月以上，固结度已经很高，并入使用期，可不单独计算。

（3）稳定计算方法

①挤密砂桩复合地基稳定计算。

a. 对不同情况的土坡和地基的稳定性验算，其危险滑弧均应满足以下极限状态设计表达式：

$$M_{sd} \leqslant \frac{1}{\gamma_R} M_{RK} \tag{3-1}$$

式中：M_{sd}、M_{RK}——作用于危险滑弧面上滑动力矩的设计值（kN·m/m）和抗滑力矩的标准值（kN·m/m）；

  γ_R——抗力分项系数。

b. 滑动力矩设计值 M_{sd} 可采用以下公式计算：

$$M_{sd} = \gamma_s \left[\sum R(q_{ki}b_i + W_{ki}) \sin\alpha_i \right] + M_p \tag{3-2}$$

式中：R——滑弧半径（m）；

γ_s——综合分项系数,可取1.0;

W_{ki}——属永久作用,为第i土条的重力标准值(kN/m),可取均值,零压线以下用浮重度计算;当有渗流时,极端低水位以上零压线以下用饱和重度计算滑动力矩设计值M_{sd};

M_p——其他原因,如作用于直立式防波堤的波浪力标准值引起的滑动力矩(kN·m/m);

q_{ki}——第i土条顶面作用的可变作用的标准值(kN/m²);

b_i——第i土条宽度(m);

α_i——第i土条的滑弧中点切线与水平线的夹角(°)。

c. 当采用总强度,如十字板强度或三轴不排水抗剪强度时,其抗滑力矩标准值可按以下公式计算:

$$M_{RK} = R\sum S_{uki}L_i \tag{3-3}$$

$$L_i = \frac{b_i}{\cos\alpha_i} \tag{3-4}$$

式中:S_{uki}——第i土条滑动面上十字板强度标准值或其他总强度标准值(kPa),标准值可取均值;

L_i——第i土条对应弧长(m)。

②挤密砂桩复合地基稳定计算参数。

复合地基的重度可按下列公式计算确定:

$$\gamma_{sp} = m\gamma_p + (1 - m)\gamma_s \tag{3-5}$$

式中:γ_{sp}——复合地基的重度(kN/m³);

γ_p——桩体材料的重度(kN/m³);

γ_s——桩间土的重度(kN/m³);

m——桩土面积置换率。

复合地基的内摩擦角和黏聚力标准值可按式(1-1)~式(1-3)计算确定,其中的桩土应力比在《港口工程碎石桩复合地基设计与施工规程》(JTJ 246—2004)中规定,土坡和地基稳定计算时取1.0,在日本国际临海开发研究所(以下简称OCDI)编制的《港口设施技术标准和解说》中建议桩土应力比根据不同置换率取值。

(4)稳定计算结果

经反复试算最终确定挤密砂桩置换率为25.6%时可满足稳定计算标准,相关计算结果见表3-7~表3-10。

东人工岛圆弧滑动安全系数计算结果统计表(简单条分法) 表3-7

工 况		东岛(D9－9)		东岛(D13－13)	
		北侧	南侧	北侧	南侧
施工期		1.163	1.068	1.065	1.057
使用期	Ⅰ期	1.280	1.292	1.227	1.205
	Ⅱ期	1.444	1.273	1.263	1.386
偶然工况		1.475	1.439	1.110	1.406

东人工岛圆弧滑动安全系数计算结果统计表(Bishop 法) 表3-8

工 况		东岛(D3－3)		东岛(D6－6)		东岛(D9－9)		东岛(D13－13)	
		北侧	南侧	北侧	南侧	北侧	南侧	北侧	南侧
使用期	Ⅰ期	2.321	1.850	1.909	1.747	1.899	1.657	1.842	1.724
	Ⅱ期	1.475	1.582	1.785	1.755	1.695	1.721	1.626	1.609

西人工岛圆弧滑动安全系数计算结果统计表(简单条分法) 表3-9

工 况		西小岛(X3－2)		西大岛(X6－6)	
		南侧	北侧	南侧	北侧
施工期		1.146	1.095	1.092	1.122
使用期	Ⅰ期	1.758	1.758	1.349	1.336
	Ⅱ期	1.574	1.587	1.458	1.313
偶然工况		1.672	1.668	1.298	1.256

西人工岛圆弧滑动安全系数计算结果统计表(Bishop 法) 表3-10

工 况		西小岛(X3－2)		西大岛(X6－6)		西大岛(X13－12)	
		南侧	北侧	南侧	北侧	南侧	北侧
使用期	Ⅰ期	2.181	2.296	1.976	2.157	2.397	2.371
	Ⅱ期	1.755	1.905	1.689	1.690	1.869	1.762

根据表3-7～表3-10计算结果,25.6%置换率的挤密砂桩可使岸壁结构在施工期和使用期处于稳定状态。

3)挤密砂桩桩径的确定

在制桩过程中,填料在挤压作用下排开孔壁外的软土,从而桩体直径扩大。当这一挤入力与土的约束力平衡时,桩径不再扩大。显然,原土强度越低,也就是抵抗填料挤入的约束力越小,可造成的桩体越粗。加固砂土地基时所用套管直径为0.6～0.7m,所形成的挤密砂桩直径约为1.0m;加固黏土所用套管直径为0.8~1.2m,最大可形成直径约为2.0m。

挤密砂桩成桩直径以及施工控制参数应通过试桩确定,港珠澳大桥岛隧工程通过试桩结果确定在软黏土地基中挤密砂桩直径为1.6m,软黏土下卧强度较高的黏土层采用直径1.0m的排水砂井。排水砂井与挤密砂桩同心,布置形式与挤密砂桩相同,置换率为10%。由于挤密砂桩的施工全部采用软件控制,因此可以实现变直径的功能,即对同一根挤密砂桩设定同心不同径,一般基于承载力及稳定等因素加固上部土层挤密砂桩直径较大,下部土层挤密砂桩直径较小或采用传统的排水砂井。挤密砂桩典型桩位布置及断面图如图3-6所示。

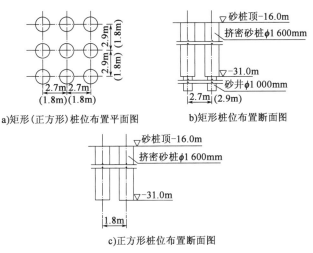

a)矩形(正方形)桩位布置平面图　　b)矩形桩位布置断面图

c)正方形桩位布置断面图

图3-6　挤密砂桩典型桩位布置及断面图(东人工岛)

4)挤密砂桩底高程的确定

挤密砂桩应穿透软土层进入下卧硬土层中,桩底高程应由稳定计算确定。鉴于地质条件的复杂性,当桩底深度达不到设计底高程时,如果砂桩套管的贯入速率出现持续10s不大于1.0m/min,且管底高程与设计底高程差值≤3.0m时,现场可停止桩管贯入并以此作为桩底高程。有关这一标准的研究确定过程将在第4章中详述。

5)挤密砂桩布置形式

根据稳定计算确定的理论置换率以及试桩试验确定的桩体直径可初步确定桩的布置形式,但具体应根据施工船舶桩套管配置情况进行调整。结合东、西人工岛挤密砂桩施工时施工船舶配置,挤密砂桩呈矩形布置,平行于护岸方向的桩体间距为2.7m,垂直于护岸前沿线方向的桩体间距为2.9m,所形成的复合地基置换率为25.6%。

6)挤密砂桩垫层

经挤密砂桩工艺试验,本工程采用碎石垫层。从碎石垫层抛填施工效率角度,碎石垫层厚度不宜小于1.0m;而从覆盖土层压力计防止原地基扰动及侧向位移的角度,碎石垫层厚度不宜小于2.0m。碎石垫层太厚造价高,经济不合理,故综合考虑挤密砂桩复合地基上部碎石垫层厚度设置为2.0m。

7)挤密砂桩复合地基设计要点

（1）桩体材料

砂桩的砂料采用中粗砂,含泥量不宜大于5%,砂料中可混有少量(不超过10%)粒径5～20mm的砾料。

（2）成桩试验

①目的。

通过现场成桩试验检验设计要求和确定施工工艺及施工控制要求,包括填砂量、提升高度、挤压时间、桩底高程等。

②试桩数量。

选择在已有钻孔附近进行试桩,试桩数量不少于6根。

③成桩试验一般要求。

a.成桩试验区宜选择在已有钻孔附近,通过已有地层信息,分析比较不同地层所需施工参数,为大面积施工时确定桩底高程提供依据。

b.试验应在正式施工前进行。通过试验查明施工效果是否能满足设计要求;若不能达到设计要求,分析原因后进一步调整填料量、提升高度、挤压时间等施工参数,重新进行试验或修改施工工艺性设计,直到能满足设计要求方能开展工程正式施工。

c.掌握成桩施工时的阻力情况,选择合理的技术措施。

（3）挤密砂桩制桩一般要求

①施工过程中应保证砂桩桩身的连续性。

②正常扩径时灌砂量不应低于计算灌砂量。

③必须对照设计要求、地质资料、水文条件,合理选择船机设备,砂桩船应配备灌砂及计量系统、压力控制系统和砂面检测仪,砂桩船振动设备和砂桩套管的配置应能满足施工要求。

④水下地形测量宜采用GPS无验潮测量技术,并绘制水下地形图,以便确定砂桩顶面高程及砂桩长度,为保证测量数据的准确性,应选择水流、风浪较好的天气进行测量。

⑤振动沉管成桩法施工应根据沉管和挤密情况,控制填砂量、提升高度和速度、挤压次数和时间、电机的工作电流等。

⑥砂桩施工时,宜先施工圆筒附近的砂桩,按照背离圆筒的方向进行。

（4）验收标准

①一般规定。

a.主要指标设计值汇总。

桩径:挤密砂桩桩径为1600mm,如遇硬夹层可根据贯入速度或扩径速度予以调整。

平面布置:矩形布置,布置形式为2.7m×2.9m,平行于护岸前沿线方向桩间距2.7m,垂直于岸壁方向桩间距2.9m。

挤密砂桩标贯击数N:平均标贯击数不小于20击;桩顶2.0m范围内平均标贯击数不小于12击。

b.砂桩的质量控制应贯穿在施工的全过程,并应坚持全程的施工监理。施工过程中必须随时检查施工记录和计量记录,并对照规定的施工工艺抽检不少于20%的桩进行质量评定。检查重点是:砂用量、桩长、套管往复挤压次数与时间、套管升降幅度和速度、每次填砂料量等。

c.检验点应布置在下列部位:

有代表性的桩位;施工中出现异常情况的部位;地基情况复杂,可能对施工质量产生影响的部位;其他通过随机抽选的桩。

②施工质量标准。

a.桩身必须连续完整,桩径、深度、桩身强度必须符合设计要求;桩体材料的品种、规格必须符合设计要求。

b.砂桩施工质量尚应满足表3-11的规定。

挤密砂桩施工质量检查　　　　　　　　　　　　　　　　　　　　表3-11

序号	项　目	规定值或允许偏差	检查方法和频率
1	桩位水平偏差(mm)	250	检查施工定位记录
2	套管竖直度(%)	不大于1.5	检查施工定位记录
3	桩顶高程(mm)	±500	检查施工记录
4	每段桩体的填料量及每根桩的填料总量	不小于设计值和试验确定值(仅限于正常扩径)	检查施工记录
5	标贯击数	不小于设计值	抽查成桩数0.2%,且检测点在挤密砂桩区域内宜均匀布置
6	桩底高程	①桩底高程≤设计底高程; ②当桩底深度达不到设计底高程时,如果砂桩套管的贯入速率出现持续10s不大于1.0m/min,且管底高程与设计底高程差值≤3.0m时,现场可停止桩管贯入并以此作为桩底高程; ③以上两个条件不满足时,请报设计研究确认	检查施工记录
7	桩径	不能达到设计桩径时,连续1min回打扩径的下沉速率小于0.2m/min停止扩径	检查施工记录

3.3.3　救援码头高置换率挤密砂桩设计

1)高置换率挤密砂桩设计流程

东、西人工岛救援码头回填荷载大、工后沉降要求严格,除按照斜坡堤低置换率挤密砂桩设计流程所述计算复合地基整体稳定外,还需验证挤密砂桩复合地基承载能力及计算复合地基工后沉降,根据复合地基整体稳定、承载能力及沉降要求分别确定所需的最小置换率,最终综合确定所需要的挤密砂桩置换率。挤密砂桩地基承载力及沉降详细设计流程见图3-7。高置换率挤密砂桩护岸断面如图3-8所示。

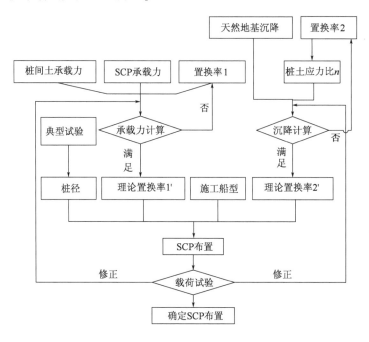

图3-7 挤密砂桩地基承载力及沉降详细设计流程图

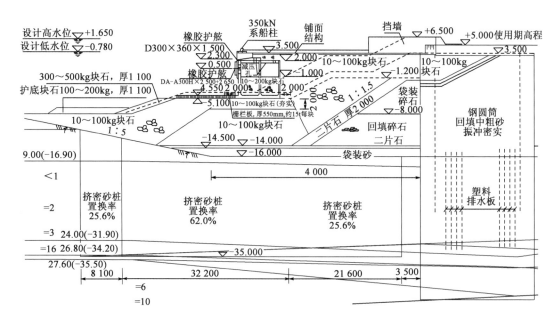

图3-8 高置换率挤密砂桩护岸断面(尺寸单位:mm;高程单位:m)

2）救援码头高置换率挤密砂桩复合地基稳定计算

（1）稳定计算工况

①施工期稳定计算。

土层采用快剪指标，只考虑挤密砂桩的置换作用，不考虑海侧护岸结构施工过程中的地基土强度增长，复合土体综合强度指标采用面积比法计算。水位采用设计低水位。

②使用期稳定计算。

砂桩处理区土层采用固快指标，原状土层采用快剪指标。水位采用设计低水位。

（2）稳定计算标准

采用简单条分法和 Bishop 法进行设计，相关标准如下：

施工期安全系数，简单条分法 $k \geqslant 1.0$；Bishop 法 $k \geqslant 1.2$。

使用期安全系数，简单条分法 $k \geqslant 1.2$；Bishop 法 $k \geqslant 1.5$。

地震工况安全系数，简单条分法 $k \geqslant 1.0$。

（3）稳定计算方法

稳定计算方法与斜坡堤低置换率挤密砂桩复合地基稳定计算方法相同，详见 3.3.2 节。

（4）稳定计算结果

经反复试算最终确定挤密砂桩置换率为 62.5% 时可满足稳定计算标准，相关计算结果见表 3-12。

圆弧滑动整体稳定安全系数计算结果统计表 表 3-12

工 况	简单条分法	Bishop 法
施工期	1.295	2.018
使用期	1.431	2.271
地震	1.494	—

根据表 3-12 计算结果，62% 置换率的挤密砂桩可使救援码头在施工期和使用期处于稳定状态。

3）救援码头高置换率挤密砂桩复合地基承载力计算

（1）挤密砂桩复合地基承载力计算工况

工况一：极端高水位，土压力 + 波吸力 + 自重

工况二：极端高水位，土压力 + 系缆力 + 自重

工况三：极端低水位，土压力 + 波吸力 + 自重

工况四：极端低水位，土压力 + 系缆力 + 自重

工况五：设计高水位，土压力 + 波吸力 + 自重

工况六：设计高水位，土压力 + 系缆力 + 自重

工况七：设计低水位，土压力 + 波吸力 + 自重

工况八:设计低水位,土压力 + 系缆力 + 自重

工况九:设计高水位,地震土压力 + 系缆力 + 自重

工况十:设计低水位,地震土压力 + 系缆力 + 自重

(2)挤密砂桩复合地基承载力计算方法

根据《港口工程地基规范》(JTS 147-1—2010)第5.3.2条规定,地基承载力应按下述极限状态设计表达式验算:

$$\gamma_0' V_d \leqslant \frac{1}{\gamma_R} F_k \qquad (3-6)$$

式中:γ_0'——重要性系数,安全等级为一级、二级、三级的建筑物分别取1.1、1.0、1.0;

$\quad V_d$——作用于计算面上竖向合力的设计值(kN/m);

$\quad \gamma_R$——抗力分项系数;

$\quad F_k$——计算面上地基承载力的竖向合力标准值(kN/m)。

地基承载力的竖向合力标准值可按下述方法计算:

①将计算宽度分成 M 个小区间 $[b_{j-1}, b_j](j = 1, 2, \cdots, M)$,如图3-9所示。

$$b_j = j\Delta B \qquad (j = 0, 1, 2, \cdots, M)$$

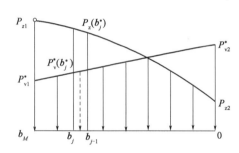

图3-9 地基承载力的竖向合力计算示意图

式中:b_j——小区间分点坐标(m),$b_0 = 0$;

$\quad \Delta B$——小区间宽度(m),$\Delta B = B_e/M$,B_e 为计算面宽度。

②地基承载力的竖向合力标准值可按下述方法计算:

$$F_k = \sum_{j=1}^{M} \min\{p_{zj}, p_{vj}^*\}\Delta B \qquad (3-7)$$

$$p_{vj}^* = K^* p_{vj} \qquad (3-8)$$

$$K^* = \frac{P_z}{V_d} \qquad (3-9)$$

$$P_z = \sum_{j=1}^{M} p_{zj}\Delta B \qquad (3-10)$$

式中:F_k——计算面上地基承载力的竖向合力标准值(kN/m);

$\quad p_{zj}$——$[b_{j-1}, b_j]$ 极限承载力竖向应力的平均值(kPa);

$\quad \Delta B$——小区间宽度(m),$\Delta B = B_e/M$,B_e 为计算面宽度;

$\quad P_z$——计算面上极限承载力竖向合力的标准值(kN/m);

$\quad V_d$——作用于计算面上竖向合力的设计值(kN/m)。

均质土地基、均布边载的极限承载力竖向应力应对 $\varphi > 0$ 和 $\varphi = 0$ 两种情况分别计算,并应符合下列规定:

当 $\varphi > 0$ 时，$[b_{j-1}, b_j]$ 极限承载力竖向应力的平均值宜按下列公式计算：

$$p_{zj} = 0.5\gamma_k(b_j + b_{j-1})N_\gamma + q_k N_q + c_k N_c \qquad (j = 1, 2, \cdots, M) \tag{3-11}$$

$$N_c = \left\{ \exp\left[\left(\frac{\pi}{2} + 2\alpha - \varphi_k\right)\tan\varphi_k\right]\tan^2\left(45° + \frac{\varphi_k}{2}\right)\frac{1 + \sin\varphi_k \sin(2\alpha - \varphi_k)}{1 + \sin\varphi_k} - 1 \right\} \Big/ \tan\varphi_k \tag{3-12}$$

$$N_q = N_c \tan\varphi_k + 1 \tag{3-13}$$

$$N_\gamma = f(\lambda, \tan\varphi_k, \tan\delta') \approx 1.25\{(N_q + 0.28 + \tan\delta')\tan[\varphi_k - 0.72\delta'(0.9455 + 0.55\tan\delta')]\}$$

$$\left\{ 1 + \frac{1}{\sqrt{1 + 0.8[\tan\varphi_k - 0.7(1 - \tan\delta') + (\tan\varphi_k - \tan\delta')\lambda]}} \right\} \tag{3-14}$$

$$\tan\left(\alpha - \frac{\varphi_k}{2}\right) = \frac{\sqrt{1 - (\tan\delta'/\tan\varphi_k)^2} - \tan\delta'}{1 + \dfrac{\tan\delta'}{\sin\varphi_k}} \tag{3-15}$$

$$\tan\delta' = \frac{\gamma_h H_k}{V_k + B_e c_k/\tan\varphi_k} \tag{3-16}$$

$$\lambda = \frac{\gamma_k B_e}{c_k + q_k \tan\varphi_k} \tag{3-17}$$

式中：　p_{zj}——$[b_{j-1}, b_j]$ 极限承载力竖向应力的平均值（kPa）；

　　　　γ_k——计算面以下土的重度标准值（kN/m³），可取均值，水下用浮重度；

　　　　b_j——小区间分点坐标（m），$b_0 = 0$；

N_γ、N_q、N_c——地基土处于极限状态下的承载力系数，可计算确定或按《港口工程地基规范》

　　　　　（JTS 147-1—2010）附录 H 取值；

　　　　q_k——计算面以上边载的标准值（kPa）；

　　　　c_k——黏聚力标准值（kPa）；

　　　　φ_k——内摩擦角标准值（°），可取均值；

　　　　V_k——作用于计算面上的竖向合力的标准值（kN/m）；

　　　　H_k——作用于计算面上的水平合力的标准值（kN/m）；

　　　　B_e——计算面宽度（m）；

　　　　γ_h——水平抗力分项系数，取 1.3；

α、δ'、λ——计算参数。

当 $\varphi = 0$ 时，计算面内 $[b_{j-1}, b_j]$ 极限承载力竖向应力的平均值宜按下列公式计算：

$$p_{zj} = q_k + c_{uk} N_s \qquad (j = 1, 2, \cdots, M) \tag{3-18}$$

$$N_s = 0.5(\pi + 2) + 2\tan^{-1}\sqrt{\frac{1 - \kappa}{1 + \kappa}} + \sqrt{1 - \kappa^2} \tag{3-19}$$

$$\kappa = \frac{\gamma_\mathrm{h} H_\mathrm{k}}{B_\mathrm{e} c_\mathrm{uk}} \qquad\qquad (3\text{-}20)$$

式中：p_{zj}——$[b_{j-1}, b_j]$ 极限承载力竖向应力的平均值（kPa）；

    q_k——计算面以上边载的标准值（kPa）；

    N_s——承载力系数；

    c_uk——地基土的十字板抗剪强度标准值（kPa），可取均值；

    B_e——计算面宽度（m）；

    H_k——作用于计算面上的水平合力的标准值（kN/m）；

    γ_h——水平抗力分项系数，取 1.3。

若受力层由多层土组成，各土层的抗剪强度指标相差不大且边载变化不大时，可采用加权平均的强度指标和重度。受力层的最大深度可按下式计算：

$$Z_{\max} = B_\mathrm{e} \exp(\varepsilon \tan\varphi_\mathrm{k}) \sin\varepsilon \exp\left(\frac{-0.87\lambda^{0.75}}{4.8 + \lambda^{0.75}}\right) \qquad (3\text{-}21)$$

$$\varepsilon = \frac{\pi}{4} + \frac{\overline{\varphi_\mathrm{k}}}{2} - \frac{\overline{\delta'}}{2} - \frac{1}{2}\sin^{-1}\left(\frac{\sin\delta'}{\sin\varphi_\mathrm{k}}\right) \qquad (3\text{-}22)$$

式中：$Z_{\max}$——受力层的最大深度（m），计算时先假定 $Z_{\max}$，根据假定的 $Z_{\max}$ 及各土层厚度计算加权平均 γ_k、c_k、φ_k，代入式（3-21）计算 $Z_{\max}$ 直至计算与假定的 $Z_{\max}$ 基本相等为止；

    B_e——计算面宽度（m）；

    φ_k——内摩擦角标准值（°），可取均值；

    δ'、λ——计算参数，分别由式（3-16）、式（3-17）确定；

    $\overline{\varphi_\mathrm{k}}$——内摩擦角标准值（rad）；

    $\overline{\delta'}$——以弧度表示的 δ'。

（3）承载力计算结果

置换率 62% 的挤密砂桩复合地基承载力为 529kPa，作用于计算面上的竖向合力按照《重力式码头设计与施工规范》（JTS 167-2—2009）第 2.5.3 条、第 2.5.6 条进行计算，相关计算结果见表 3-13，地基承载力安全系数大于 3.8，承载力满足设计要求。

地基承载力验算计算结果   表 3-13

工 况	$\sigma_{\max}$（kPa）	$\sigma_{\min}$（kPa）	$\sigma'_{\max}$（kPa）	$\sigma'_{\min}$（kPa）	e'
工况一	133.54 < 600	39.90 < 600	122.65 < 529	90.64 < 529	0.59
工况二	96.44 < 600	77.00 < 600	109.97 < 529	103.22 < 529	0.12
工况三	127.87 < 600	92.53 < 600	130.66 < 529	119.14 < 529	0.20
工况四	105.05 < 600	88.10 < 600	123.22 < 529	117.70 < 529	0.10
工况五	139.24 < 600	41.10 < 600	134.56 < 529	102.39 < 529	0.78

工　况	σ_{max} (kPa)	σ_{min} (kPa)	σ'_{max} (kPa)	σ'_{min} (kPa)	e'
工况六	90.44 < 600	63.85 < 600	118.46 < 529	109.80 < 529	0.25
工况七	132.64 < 600	51.85 < 600	132.21 < 529	105.89 < 529	0.63
工况八	98.48 < 600	62.98 < 600	121.08 < 529	109.52 < 529	0.32
工况九	112.30 < 600	48.20 < 600	125.58 < 529	104.70 < 529	0.57
工况十	128.49 < 600	45.33 < 600	130.86 < 529	103.77 < 529	0.69

注:表中 σ_{max}、σ_{min} 分别为抛石基床顶面的最大和最小应力标准值;σ'_{max}、σ'_{min}、e' 分别为抛石基床底面最大、最小应力标准值和合力作用点偏心距。

4)救援码头高置换率挤密砂桩复合地基沉降计算

(1)救援码头挤密砂桩复合地基沉降计算简述

根据高置换率挤密砂桩上建设重力式码头的经验,挤密砂桩复合地基的大部分沉降发生在施工期,如果施工期间进行超载预压,挤密砂桩复合地基工后沉降将会得到很好的控制。

本工程救援码头进行超载预压,超载比1.05,堆载预压固结度达到90%时卸载。

(2)挤密砂桩复合地基沉降计算

①挤密砂桩加固区沉降计算。

日本 OCDI 编制的《港口设施技术标准和解说》建议挤密砂桩复合地基沉降按沉降折减法进行计算:

$$s_a \geqslant s_f \tag{3-23}$$

$$s_f = \beta \cdot s_{f0}(1 - U) \tag{3-24}$$

$$s_{f0} = m_v(p'_0 + \alpha\gamma'h - p'_c)H \tag{3-25}$$

$$s_{f0} = \frac{\Delta e}{1 + e_0}H \tag{3-26}$$

$$s_{f0} = \frac{C_c}{1 + e_0}H\left(\lg\frac{p'_0 + p'}{p'_0}\right) \tag{3-27}$$

式中:s_a——允许发生的残余沉降(m);

s_f——残余沉降(m);

β——沉降折减比(复合地基的沉降与未加固地基的沉降之比);

s_{f0}——未加固地基处理的沉降(m),根据对土质参数的掌握情况选择式(3-25)~式(3-27)计算;

U——固结度;

m_v——体积压缩系数(m^2/kN);

p'_0——初始压力(加固前竖向压力)(kN/m^2);

α——应力分布系数(地基土上分布的应力与固结压力或上部结构压力之比);

γ'——上部结构的有效重度(kN/m^3);

h——上部结构的高度（m）；

p'_c——前期固结压力（kN/m^2）；

H——固结土层的厚度（m）；

Δe——原状地基土的孔隙比减少量；

e_0——原状地基土的初始孔隙比；

C_c——压缩指数；

p'——固结压力（kN/m^2）。

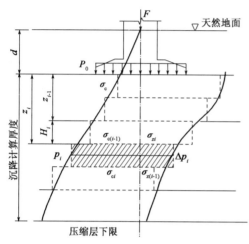

图3-10　分层总和法沉降计算示意图

挤密砂桩复合地基的总沉降 s 按式（1-14）计算，其中沉降折减比 β 按式（1-15）和式（1-16）取值。

②挤密砂桩加固区下卧层沉降计算。

下卧土层的压缩量 s_2 通常采用基于 e-p 曲线的分层总和法得到，分层总和法沉降计算示意图见图3-10，具体计算公式为：

$$s_2 = \sum \frac{e_{1i} - e_{2i}}{1 + e_{1i}} H_i = \sum \frac{a_{vi}}{1 + e_{1i}} \Delta p_i H_i$$

$$= \sum m_{vi} \Delta p_i H_i = \sum \frac{1}{E_{si}} \Delta p_i H_i \qquad (3\text{-}28)$$

式中：　e_{1i}——根据第 i 分层的自重应力平均值 $\dfrac{\sigma_{ci} + \sigma_{c(i-1)}}{2}$ 从土的压缩曲线上得到的相应的孔隙比；

σ_{ci}、$\sigma_{c(i-1)}$——第 i 分层土层底面处和顶面处的自重应力；

e_{2i}——根据第 i 分层的自重应力平均值 $\dfrac{\sigma_{ci} + \sigma_{c(i-1)}}{2}$ 与附加应力平均值 $\dfrac{\sigma_{zi} + \sigma_{z(i-1)}}{2}$（即 Δp_i）之和，从土的压缩曲线上得到的相应的孔隙比；

σ_{zi}、$\sigma_{z(i-1)}$——第 i 分层土层底面处和顶面处的附加应力；

Δp_i——第 i 分层土上的附加应力增量（kPa）；

H_i——第 i 分层土的厚度（mm）；

a_{vi}——第 i 分层土层的压缩系数（kPa^{-1}）；

m_{vi}——第 i 分层土层的体积压缩系数（kPa）；

E_{si}——第 i 分层土层的压缩模量（kPa）。

（3）挤密砂桩复合地基固结计算

①挤密砂桩加固区固结度计算。

Barron 在太沙基单向固结理论的基础上,建立了轴对称固结基本微分方程,并求出其解析解,在砂井(桩)地基设计中得到了广泛应用。结合《港口工程地基规范》(JTS 147-1—2010)固结度计算公式,地基的平均固结度一般可用下式计算:

$$U_{rz} = 1 - (1 - U_z)(1 - U_r) \tag{3-29}$$

$$U_z = 1 - \frac{1}{1 + \gamma_{ab}} \frac{16}{\pi^2} \sum_{m=1}^{\infty} \exp\left[-(2m-1)^2 \frac{\pi^2}{4} T_v\right]\left[\frac{\gamma_{ab}}{(2m-1)^2} - \frac{2(1-\gamma_{ab})}{(2m-1)^3 \pi}(-1)^m\right] \tag{3-30}$$

$$U_r = 1 - \exp\left[-\frac{8C_h t}{F(n)d_e^2}\right] \tag{3-31}$$

$$T_v = \frac{C_v t}{H^2} \tag{3-32}$$

$$F(n) = \frac{n^2}{n^2 - 1}\ln n - \frac{3n^2 - 1}{4n^2} \tag{3-33}$$

$$n = \frac{d_e}{d_w} \tag{3-34}$$

式中: U_{rz}——地基的平均应力固结度;

U_z——地基的竖向平均应力固结度;

U_r——地基的径向平均应力固结度;

γ_{ab}——排水面与不透水面应力之比,双面排水时 $\gamma_{ab} = 1$;

T_v——时间因子;

t——固结时间(s);

C_v——竖向固结系数(cm²/s);

C_h——径向固结系数(cm²/s);

H——土层的不排水面至排水面的竖向距离(m),对双面排水,H 为土层厚度之半,对单面排水,H 为土层厚度;

n——井径比;

$F(n)$——井径比因子;

d_e——每个砂井(桩)有效影响范围的直径(m);

d_w——砂井(桩)的直径(m)。

②挤密砂桩加固区固结延迟效应。

由于挤密砂桩采用沉管以挤土方式施工,砂桩周边受到涂抹,桩间土受到扰动,因此砂桩的桩周范围将形成环状涂抹区产生涂抹效应,这将影响桩间土的排水渗透,使得桩间土渗透性降低,压缩时间增大,即影响地基的固结。另外,砂桩的纵向通水量与天然土层水平向渗透系数的比值较小,且长度又较长时,使得地基土排水遇阻,此时应考虑井阻影响。涂抹效应和井阻作用,以及桩体引起的应力集中现象将影响到砂桩的正常固结,产生固结延迟效应。一般国内工程普遍采用的做法是采用考虑井阻和涂抹的井径比因子修正法来计算固结延迟。另外在碎石桩复合地基固结分析中,为了考虑涂抹作用,Barsdale 和 Bachus(1983)建议将桩径乘以系数(1/5 ~ 1/2)。Balaam 和 Booker(1979)的分析表明,随着桩土弹性模量比 E_p/E_s 的增大,刚性筏基下的碎石桩承担更大的荷载,从而加速固结。对于 E_p/E_s 值从 1 增大到 40,达到固结度 50% 所需的时间减少到原来的 1/10。韩杰和叶书麟(1990)建议采用固结系数折算方法考虑应力集中现象。

而日本 OCDI 的《港口设施技术标准和解说》则直接基于日本挤密砂桩工程实测资料,给出了从实测时间-沉降关系反算的固结系数,其规律显示为固结时间的延迟随着置换率的增大而变大,当置换率 $m \geqslant 0.3$ 时,$C_v/C_{v0} = 1/12 ~ 1/2$,采用固结试验测得的固结系数计算出的固结速度比实际固结速度快 2 ~ 10 倍,详见图 2-1。

(4)挤密砂桩复合地基固结沉降计算结果

堆载满载预压 3 个月 60% 置换率的挤密砂桩复合地基理论固结度达到 90%,工后残余沉降小于 6.0cm。

5)挤密砂桩布置形式

根据救援码头挤密砂桩复合地基稳定、承载力及沉降计算结果综合确定挤密砂桩最小的理论置换率为 61%。挤密砂桩呈正方形布置,桩间距为 1.8m,砂桩直径为 1.6m,置换率为 62%,可满足复合地基稳定、承载力及沉降的设计要求。

6)碎石垫层

高置换率挤密砂桩复合地基碎石垫层与低置换率挤密砂桩复合地基碎石垫层作用不同,碎石垫层是在挤密砂桩及隆起土清除之后铺设的,挤密砂桩未延伸至碎石垫层内部,所以高置换率碎石垫层主要起到协调桩土应力、使桩土共同作用。

7)挤密砂桩复合地基设计要点

高置换率挤密砂桩桩体材料、成桩试验要求、桩体抽检频率及标准、抽检位置及挤密砂桩施工质量标准与低置换率挤密砂桩相应要求相同,但高置换率挤密砂桩增加了隆起土清除,为保证清除质量须按照表 3-14 进行控制。

清除隆起控制标准   表 3-14

序号	检 查 项 目	允许偏差或要求
1	基槽边坡单边宽度	$-20 ~ +250$cm(负值为向内)
2	基槽底高程	允许偏差 $-60 ~ +40$cm,偏差范围介于 $-85 ~ -60$cm 和 $+40 ~ +65$cm 的测点数量不超过 20%
3	基槽边坡坡率	不陡于设计坡率

3.4 挤密砂桩复合地基设计方法详解

3.4.1 水下挤密砂桩复合地基设计条件

水下挤密砂桩设计前应进行现场调查,获得以下资料:

(1)工程区域地质条件,主要是各土层的分布情况、物理力学性质指标等。对于黏性土地基,重点是获得地基土的含水率、不排水抗剪强度、灵敏度、固结系数等指标;对砂土和粉土地基,重点是获得地基土的颗粒级配、天然孔隙比、最大孔隙比、最小孔隙比、标贯击数等指标。

(2)工程区域地形及水文条件,具体包括水深、波浪、潮位、掩护条件、台风及强对流天气情况等。

(3)建筑物或构筑物承载力、沉降变形及地基整体稳定性的要求。

(4)了解国内挤密砂桩施工船舶数量及施工作业能力。

(5)了解工程所在区域桩体材料储量及运输情况。

3.4.2 挤密砂桩的工艺设计

1)桩体材料

桩体材料宜采用粗砂、中砂等,最大粒径不宜大于50mm,含泥量宜不大于5%。如果施工现场最佳材料购置成本过高,也可采用细砂或中砂,但需进行强度、透水性及施工可操作性试验。图3-11为日本采用砂的粒径范围。港珠澳大桥人工岛工程挤密砂桩采用的是含泥量≤5%的中粗砂。洋山深水港码头工程挤密砂桩采用的是含泥量≤5%的中细砂。日本在砂源匮乏的地区使用过含泥量10%~15%的砂料和矿渣材料作为挤密砂桩桩体材料。施工前应根据试桩资料以及环保要求确定是否可采用高含泥量材料。

2)桩体直径

在日本,陆上挤密砂桩通常使用直径为0.4~0.5m的套管,制成的砂桩直径一般为0.7m;而海上施工时,加固黏性土所用套管直径为0.8~1.2m,制成的砂桩直径可达2.0m;加固砂质地基时,所用套管直径为0.6~0.7m,制成的砂桩直径约1.0m。一般来说,砂桩直径与套管直径之比在1.4~2.0范围内。如果用砂桩面积与套管面积之比时,则为2.0~4.0。大面积施工前应进行挤密砂桩工艺性试桩,通过试桩结果确定挤密砂桩设计直径。

在港珠澳大桥人工岛工程中,通过试桩结果确定挤密砂桩直径为1.6m,同时根据土层分布的具体情况,首次在软黏土下卧强度较高的黏土层中联合使用了直径1.0m的排水砂井,在保证加固效果的同时,降低了用砂量,加快了施工速度,取得了较好的效果。

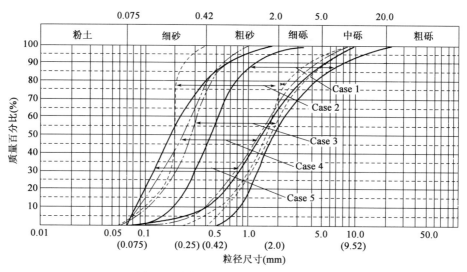

图 3-11 挤密砂桩桩体材料粒径分布(日本)

3)挤密砂桩桩位布置

挤密砂桩施工船舶一般配备 3 根套管,套管的间距有几档可以调整,但一般不可调整为任意间距值,故挤密砂桩复合地基置换率须根据施工船舶进行适当调整。国内目前主要的施工船舶配置情况见表 3-15。

挤密砂桩船施工参数表   表 3-15

隶属公司		一航局	一航局	一航局	三航局	三航局	三航局	三航局
船舶名称		砂桩 3 号	砂桩 6 号	砂桩 2 号	砂桩 3 号	砂桩 6 号	砂桩 7 号	起重 10 号
打设桩型	砂桩直径（mm）	800~2 000	800~2 000	800~2 000	800~2 000	800~2 000	800~2 000	800~2 000
	砂桩间距（m）	0.6~6.8	0.8~6.8	0.8~6.8	2.4/4.8	0.8~5.4	0.8~5.4	2.1/4.2
	打设深度（水下面）（m）	50	53	65	58	66	66	42
施打装置	桩架数量（个）	3	3	3	3	3	3	3
	振动锤数（台）	360kW×3	360kW×3	360kW×3	480kW×3	500kW×3	500kW×3	400kW×3
	料斗容量（m³）	10	10	10	5.8	5.8	5.8	6
船体构造	船体尺度（长×宽×深）(m)	58×26×4.0（吃水2.2）	70×30×4.5（吃水2.3）	70×30×4.5（吃水2.3）	72×25.4×4.2（吃水3.2）	75×26×5.2（吃水3.2）	75×26×5.2（吃水3.2）	64×21×3.5（吃水2.3）
	排水量（t）	3 000	4 750	4 750	3 509	3 509	3 509	2 884
	桩架高度（水面上）（m）	68	72	90.2	76	86	86	62.4

3.4.3　泥面隆起问题及对策

在黏土地基中进行挤密砂桩施工会引起原地基泥面隆起。隆起产生的原因主要是挤密砂桩成桩过程中砂料向黏土地基中贯入和扩径引起横向和向上移动,此外在每根桩造桩结束拔管时套管内残留砂的溢出也会改变泥面高程。陆上工程通常由于置换率较小隆起高度也较小,而海上工程置换率较大,泥面隆起高度可达到数米。隆起量主要取决于挤密砂桩置换率、桩长。挤密砂桩的隆起以隆起量和砂桩的设计投入砂量的比值表示,即隆起率 μ。在大量实测资料的基础上,日本学者提出了基于直径 1.6m 挤密砂桩隆起率的经验公式[1]:

$$\mu = \frac{V}{V_s} = 0.356m + 2.803 \frac{1}{L/L_0} + 0.112 \qquad (3\text{-}35)$$

式中:μ——挤密砂桩隆起率;

　V——挤密砂桩施工后隆起土量(m^3);

　V_s——挤密砂桩设计投入砂量(m^3);

　m——面积置换率;

　L——平均砂桩长(m);

　L_0——单位长度 1.0(m)。

在人工岛挤密砂桩工程中,对泥面隆起进行了施工前估算和施工后测试。斜坡堤下低置换率(25.6%)挤密砂桩,桩长约 21.0m,计算得到隆起率 0.34,隆起高度约 1.8m;测试结果是,东人工岛泥面隆起高度 2.03m,西人工岛为 2.11m。救援码头高置换率(62%)挤密砂桩,桩长约 21.0m,计算得到隆起率 0.47,隆起高度约 6.1m;测试结果是,东人工岛泥面隆起高度 4.94m,西人工岛为 5.12m。估算结果与实测结果基本吻合。

然而第 2 章的离心模型试验以及国内早期在洋山深水港开展的挤密砂桩试验测得的泥面隆起量却与该公式计算结果存在较大差异。离心模型试验中 60% 置换率挤密砂桩引起的隆起率达到 0.85,其主要原因是由于模型箱的存在,给砂桩施加了侧限条件,使挤密的土体不能向四周扩散。国内在洋山深水港工程开展首次挤密砂桩试验时,试验区共布置 100 根挤密砂桩,桩径 1 850mm,置换率为 60%。施工后对试验区 40m×40m 范围进行泥面高程测量,平均泥面高程抬高了 0.6m,最大测点抬高了 0.8m,隆起率 35.7%,小于经验公式计算结果[2],主要原因可能在于加固范围较小,原地基土体向水平方向扩散相对较多。从式(3-35)看,影响隆起率的参数主要是桩长和面积置换率,但从泥面隆起的原理分析,影响因素应该还包括周边地基的强度,也就是侧限的作用。盐见和河本认为地基强度对隆起率的影响比较小,可以忽略不计[1]。该结论在大面积施工时是成立的,然而小面积试验时周边地基土的约束作用就会产生比较大的影响。

日本在挤密砂桩技术应用的早期,对隆起土的特性缺少了解,常对隆起土做清除处理。

后经过大量土质调查,认为隆起部分的土质与原地基土质大致相同,其中隆起土的固结系数、体积压缩系数以及内摩擦角均与原地基浅层土之间没有明显差距,可以采用相同参数取值。但是隆起部分土体的强度将明显弱于原地基,因此需要注意地基的稳定性。在本工程中,低置换率挤密砂桩隆起土的厚度较小,处理的方式是延长桩顶高程使之穿透上覆隆起土并进入碎石垫层。而高置换率挤密砂桩隆起土的厚度较大,较难通过提前覆盖碎石垫层抑制隆起,也较难通过延长桩顶高程方式处理隆起土。挤密砂桩隆起量大,会产生两方面的不利影响:一是挤密砂桩隆起土减少水深,隆起后导致施工船舶不具备施工作业条件;二是隆起土强度有所降低。为了不降低整体稳定性,避免增加工后沉降,采用以下方式处理:首先在挤密砂桩施工前开挖清除表层一定厚度的软土,使得挤密砂桩施工完成后隆起土不影响船舶施工作业;其次在挤密砂桩施工完成后开挖清除隆起土,开挖时适当加深开挖深度,保证隆起及质量较差的桩头彻底被清除。此外,泥面隆起的形状与施工顺序有关,合理的挤密砂桩施打顺序可以在一定程度上控制泥面隆起的趋势。在本工程中,人工岛岛壁挤密砂桩采用的施打顺序是以圆筒为起点向岛外方向打设,使隆起的淤泥向远离圆筒的方向发展。

3.4.4 碎石垫层

挤密砂桩复合地基应设置垫层,垫层可采用砂垫层或碎石垫层,如果潮流影响显著时不宜直接采用砂垫层,宜采用袋装砂。本工程中通过挤密砂桩工艺试验发现挤密砂桩套管穿透2.0m碎石垫层较容易,考虑到斜坡堤护岸结构采用石料且抛填碎石效率较高等原因,确定复合地基垫层应采用碎石垫层。

水下挤密砂桩复合地基碎石垫层与传统的陆上复合地基垫层作用不尽相同,其主要起到三方面的作用:第一,协调桩土应力,使桩土共同作用;第二,在低置换率挤密砂桩的设计中,往往使桩体伸入碎石垫层中,起到加快黏土排水固结的作用;第三,碎石垫层可增加覆盖土层压力,从而起到防止原地基的扰动及侧向位移的作用,通过碎石自身的重量还可在一定程度上抑制原状土层在施打挤密砂桩过程中的隆起,以及防止施工时的污染。

从碎石垫层抛填施工效率角度,碎石垫层厚度不宜小于1.0m;而从覆盖土层压力防止原地基扰动及侧向位移的角度,碎石垫层厚度不宜小于2.0m。碎石垫层太厚造价高,经济不合理,故综合考虑挤密砂桩复合地基上部碎石垫层厚度设置为2.0m。

3.4.5 计算方法与参数取值

挤密砂桩加固黏性土桩复合地基设计主要是满足稳定、承载力及沉降三方面的要求。

1)挤密砂桩复合地基稳定计算

第3.3节具体介绍了挤密砂桩复合地基稳定计算方法和公式,挤密砂桩复合地基抗剪强度指标可按照式(1-1)~式(1-3)计算取值。需要指出的是,桩土应力比 n 取值对稳定计算结果影响较大,《港口工程碎石桩复合地基设计与施工规程》(JTJ 246—2004)规定土坡和地基稳定计算时取1.0,日本OCDI编制的《港口设施技术标准和解说》里建议桩土应力比按照以下规定选取:

当面积置换率 $m \leqslant 0.4$,桩土应力比 $n = 3$;

当面积置换率 $0.4 \leqslant m \leqslant 0.7$,桩土应力比 $n = 2$;

当面积置换率 $m \geqslant 0.7$,桩土应力比 $n = 1$。

日本港湾技术研究所曾经通过大型沉箱压载试验验证[22],对于面积置换率小于0.4的挤密砂桩复合地基,采用桩土应力比 $n = 3$ 是可以满足设计安全的,但考虑到地基稳定性对本工程至关重要,所以参数选取宜保守,建议桩土应力比采用 $1 \sim 2$,经过充分论证后也可采用较大值。

2)挤密砂桩复合地基承载力计算

挤密砂桩复合地基承载力可以有多种计算方法,主要包括以下四种。

(1)利用标准贯入试验成果的承载力计算方法

标准贯入试验(SPT)是用质量为63.5kg的重锤按照规定的落距(76cm)自由下落,将标准规格的贯入器打入地层,根据贯入器在贯入一定深度得到的锤击数来判定土层的性质,根据标贯的锤击数 N 可建立其与承载力的关系。这里选用铁道部第三勘测设计院对中、粗砂提出的承载力计算经验公式如下(参见《工程地质手册》[23]):

$$f = -803 + 850N^{0.1} \tag{3-36}$$

式中: f——地基容许承载力(kPa);

N——标贯击数。

根据桩体标准贯入试验,由式(3-36)可以计算出挤密桩体的承载力标准值。

复合地基承载力标准值可根据挤密砂桩和桩间土的承载力得出,即公式(1-9)。挤密砂桩复合地基所承受的荷载由桩体和桩间土体共同承担,其中砂桩发挥的作用通常用桩土应力比 n 反映,与桩间土的性质和置换率有关。桩间土的承载力可以根据桩体承载力和桩土应力比进行计算,计算公式如下:

$$f_S = \frac{f_P}{n} \tag{3-37}$$

式中: f_S——加固后的桩间土容许承载力(kPa);

f_P——桩体单位面积容许承载力(kPa);

n——桩土应力比。

(2)太沙基承载力计算方法

地基和基础之间的摩擦力很大(地基底面完全粗糙),当地基破坏时,基础底面下的地基

土楔体 aba'（图 3-12）处于弹性平衡状态，称弹性核。边界面 ab 或 $a'b$ 与基础底面的夹角等于地基土的内摩擦角 φ。

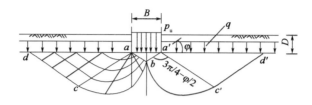

图 3-12　太沙基理论计算图

地基破坏时沿 bcd 曲线滑动。其中 bc 是对数螺线，在 b 点与竖直线相切；cd 是直线，与水平面的夹角等于 $45° - \varphi/2$，即 acd 区为被动应力状态区。

基础底面以上地基土以均布荷载 $q = \gamma D$ 代替，即不考虑其强度。

在上述假定的基础上，可以从刚性核的静力平衡条件求得太沙基极限承载力公式：

$$p_\mathrm{u} = \frac{1}{2}\gamma B N_\gamma + c N_\mathrm{c} + q N_\mathrm{q} \tag{3-38}$$

式中：N_γ、N_q、N_c——承载力系数，只取决于土的内摩擦角 φ，有

$$N_\mathrm{q} = \frac{1}{2}\frac{\mathrm{e}^{\left(\frac{3}{2}\pi - \varphi\right)\tan\varphi}}{\cos^2\left(45° + \dfrac{\varphi}{2}\right)} \tag{3-39}$$

$$N_\mathrm{c} = c\tan\varphi \cdot (N_\mathrm{q} - 1) \tag{3-40}$$

$$N_\gamma = 1.8(N_\mathrm{q} - 1)\tan\varphi \tag{3-41}$$

太沙基将地基承载力系数绘制成曲线，如图 3-13 中的实线所示，可供直接查用。

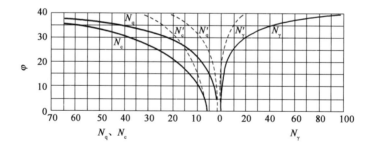

图 3-13　太沙基地基承载力系数

对于圆形或方形基础，太沙基提出了半经验的极限荷载公式：

方形基础：

$$p_\mathrm{u} = 0.4\gamma B N_\gamma + q N_\mathrm{q} + 1.2 c N_\mathrm{c} \tag{3-42}$$

圆形基础：

$$p_\mathrm{u} = 0.3\gamma D N_\gamma + q N_\mathrm{q} + 1.2 c N_\mathrm{c} \tag{3-43}$$

利用上述太沙基计算公式便可计算挤密砂桩复合地基承载力。其中砂桩桩身内摩擦

φ_P 与桩体的密实程度有着密切的关系,砂桩桩身内摩擦角 φ_P 可根据《工程地质手册》(第四版)标准试验贯入击数与内摩擦角的关系确定。

复合地基的内摩擦角和黏聚力标准值可按式(1-1)～式(1-3)计算。若受力层由多层土组成,各土层的抗剪强度指标相差不大,可用按土层厚度加权平均抗剪强度指标和加权平均重度计算。

(3)日本《挤密砂桩设计与施工指导手册》计算方法

日本《挤密砂桩设计与施工指导手册》提出挤密砂桩复合地基承载力 f_a 可按式(3-44)～式(3-46)计算。

$$f_a = mf_{as} + (1 - m)f_{ac} \tag{3-44}$$

$$f_{ac} = \frac{1}{F_s} \cdot c \cdot N_c \tag{3-45}$$

$$f_{as} = \frac{1}{F_s} \cdot \frac{1}{2} \cdot b \cdot \gamma_s \cdot N_\gamma \tag{3-46}$$

式中:f_a——挤密砂桩复合地基承载力容许值(kPa);

$\quad f_{as}$——砂土地基承载力容许值(kPa);

$\quad f_{ac}$——黏土地基承载力容许值(kPa);

$\quad m$——桩土面积置换率;

$\quad N_c$——黏土地基的承载力系数,由图3-15查取;

$\quad c$——黏土的黏聚力(kPa);

$\quad F_s$——安全系数;

$\quad b$——基础宽度(m);

$\quad \gamma_s$——砂的重度(kN/m³);

$\quad N_\gamma$——砂土地基的承载力系数,由图3-14查取。

(4)《港口工程地基规范》承载力计算方法

《港口工程地基规范》(JTS 147-1—2010)关于承载力计算的方法较复杂,具体计算过程介绍参见3.3节,国内港口工程项目应依据该规范进行计算。

3)挤密砂桩复合地基沉降固结计算

挤密砂桩复合地基的沉降计算方法有复合模量法、应力修正法、桩身压缩量法以及沉降折减法。经过本工程实践,推荐采用复合模量法或沉降折减法。现将所有四种方法介绍如下。

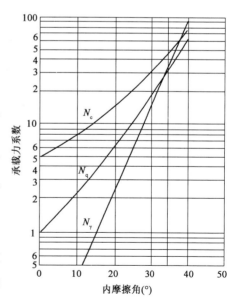

图3-14　承载力系数与内摩擦角之间的关系

（1）复合模量法

这种方法概念清晰、计算简单，因此目前在工程界得到了广泛应用。复合模量法实质上是将由桩土构成的复合地基这种实际上的不均匀体等效地看作一均质的复合土体，采用复合土体的等效压缩模量 E_{sp} 来评价其压缩性。即在复合模量法中，将加固区土层分成 n 层，每层复合土体的复合压缩模量为 E_{spi}，加固区土层压缩量 s_1 的表达式为：

$$s_1 = \sum \frac{\Delta p_i}{E_{spi}} H_i \tag{3-47}$$

式中：Δp_i——第 i 层复合土层上的附加应力增量（kPa）；

H_i——第 i 层复合土层的厚度（mm）；

E_{spi}——第 i 层复合土层的压缩模量（kPa）。

复合地基中桩体的压缩模量 E_p 大于桩间土的压缩模量 E_s，一般情况下 E_p 为 E_s 的 n 倍。基于变形协调与应力集中，而导致复合地基的沉降量 s_1 减少，相应的复合压缩模量 E_{sp} 增大。

复合地基的置换率，即桩体面积与加固总面积之比为 m；复合地基上的荷载强度为 σ，桩顶压力为 σ_p，桩间土上的压力为 σ_s，则

$$\sigma = m\sigma_p + (1 - m)\sigma_s \tag{3-48}$$

由沉降变形协调

$$\frac{\sigma_p}{E_p} = \frac{\sigma_s}{E_s} \tag{3-49}$$

复合土层厚 H 的沉降量为：

$$\frac{\sigma}{E_{sp}} h = \frac{m\sigma_p + (1 - m)\sigma_s}{E_{sp}} h \tag{3-50}$$

复合土层的沉降为桩和桩间土协调沉降的综合反映，即

$$\frac{m\sigma_p + (1 - m)\sigma_s}{E_{sp}} h = \left[\frac{m\sigma_p}{E_p} + \frac{(1 - m)\sigma_s}{E_s} \right] h \tag{3-51}$$

又桩土应力比

$$\frac{\sigma_p}{\sigma_s} = n \tag{3-52}$$

求得复合土层的压缩模量 E_{sp} 的表达式为：

$$E_{spi} = [1 + m(n - 1)] E_{si} \tag{3-53}$$

或

$$E_{spi} = mE_{pi} + (1 - m)E_{si} \tag{3-54}$$

式中：E_{pi}——第 i 层桩体的压缩模量（kPa）；

E_{si}——第 i 层桩间土的压缩模量（kPa），一般取天然地基压缩模量；

m——面积置换率。

复合模量也可按承载力提高系数法进行确定,即

$$E_{spi} = \xi E_{si} \tag{3-55}$$

$$\xi = \frac{f_{spk}}{f_{ak}} \tag{3-56}$$

式中:E_{si}——第 i 层桩间土的压缩模量(kPa),一般取天然地基压缩模量;

ξ——复合土层的压缩模量提高系数;

f_{spk}——复合地基承载力特征值(kPa);

f_{ak}——基础底面下天然地基承载力特征值(kPa)。

(2)应力修正法

应力修正法是考虑桩体和桩间土构成复合地基共同承担上部荷载的作用,由于桩间土承担的荷载比复合地基的平均荷载要小,可以忽略桩体的存在,按照桩间土的变形模量 E_s,乘以应力修正系数,得到加固区的变形模量,采用分层总和法计算加固区土层的压缩量。

复合地基加固区土层压缩量采用分层总和法计算,即

$$s = \sum \frac{\Delta p_{si}}{E_{si}} H_i = \mu_s \sum \frac{\Delta p_i}{E_{si}} H_i = \mu_s s_s \tag{3-57}$$

式中:Δp_i——未加固地基(天然地基)在荷载 p 作用下第 i 层土层上的附加应力增量(kPa);

Δp_{si}——复合地基第 i 层桩间土上的附加应力增量(kPa);

s_s——未加固地基(天然地基)在荷载 p 作用下相应厚度内的压缩量(mm);

E_{si}——未加固地基(天然地基)的压缩模量(kPa);

μ_s——应力降低系数或应力修正系数,$\mu_s = \dfrac{1}{1+(n-1)m}$。

(3)桩身压缩量法

在荷载作用下复合地基加固区的压缩量也可通过计算桩体压缩量得到。设桩底端刺入下卧层的沉降变形量为 Δ,则相应加固区土层的压缩量 s 的计算公式为:

$$s = s_p + \Delta \tag{3-58}$$

式中:s_p——桩身压缩量(mm);

Δ——桩底端刺入下卧层土层的刺入量(mm)。

对于散体材料复合地基、柔性桩复合地基,桩间土和桩体可考虑为共同作用,即桩底端刺入下卧层土层的刺入量 Δ 很少或可忽略不计,而且如果加固区下卧层土层性质较好,即桩身不会产生刺入下卧层的变形量,可以由桩身的压缩量得到复合土层的压缩变形量,其计算公式为:

$$s = s_p = \sum \frac{\Delta p_{pi}}{E_{pi}} H_i = \mu_p \sum \frac{\Delta p_i}{E_{pi}} H_i \tag{3-59}$$

式中：s_p——桩身压缩量（mm）；

Δp_i——桩体地基在荷载 p 作用下第 i 层土层上的附加应力增量（kPa）；

Δp_{pi}——复合地基第 i 层桩体上的附加应力增量（kPa）；

E_{pi}——桩体的压缩模量（kPa）；

μ_p——应力集中系数。

（4）沉降折减法

日本 OCDI 编制的《港口设施技术标准和解说》中建议挤密砂桩复合地基沉降按沉降折减法进行计算，具体计算过程详见 3.3.3 节。

（5）挤密砂桩复合地基固结计算

挤密砂桩复合地基固结计算采用 Barron 固结理论，固结延迟按照 OCDI 编制的《港口设施技术标准和解说》计算，详细计算见 3.3.3 节。FHWA 编制的《Design and Construction of Stone-columns》是先根据涂抹区范围及渗透系数等确定等效排水半径，然后采用常规理论计算排水固结度，工程设计时也可参照此法进行固结度估算并注意与采用《港口设施技术标准和解说》计算的结果、实测数据等进行对比分析，积累经验。

通过本工程实践并结合洋山深水港区三期工程工作船码头挤密砂桩复合地基沉降观测资料的分析，我们认为采用复合模量法以及沉降折减法的计算值与实测沉降值更为接近，参数取值也相对容易获得。

3.5　本章小结

本章详细介绍了港珠澳大桥东、西人工岛护岸低置换率挤密砂桩以及救援码头高置换率挤密砂桩设计，全面介绍了黏性土地基挤密砂桩复合地基稳定性、承载力以及沉降的计算方法。对挤密砂桩设计所涉及的泥面隆起问题、垫层问题、原材料问题、桩径与桩间距问题、固结延迟问题以及桩土应力比等参数取值问题等进行了详细探讨，可供广大工程技术人员借鉴。

港珠澳大桥人工岛工程在国内首次大规模使用水下挤密砂桩技术，在具体设计中，对利用低置换率挤密砂桩进行抛石堤地基加固以充分发挥挤密砂桩的排水固结作用，以及开展变桩径设计以优化砂料使用量等进行了探索。

通过开展实际观测取得了宝贵的资料，基于这些观测资料，对挤密砂桩加固效果进行的详细分析将在第 6 章阐述。

第4章 水下挤密砂桩施工技术

4.1 施工设备与工艺

4.1.1 第二代挤密砂桩施工船的研制目标

国内在水下挤密砂桩技术研发以前,水工领域对普通砂桩有一定的应用,其施工工艺与水下挤密砂桩有很大差异,主要表现在成桩过程中没有回打、扩径的环节,振动锤功率也较小,一般不超过135kW。

第一代挤密砂桩施工船由中交三航局建造于2009年,用于洋山深水港工程地基加固[2,3]。配备200~300kW振动锤,通过施工控制系统的开发,实现了初步的施工自动化监控。代表施工船舶有:三航砂桩2号、三航砂桩3号、三航起重10号。

港珠澳大桥岛隧工程是典型的外海工程,不仅有效作业天数有限,而且软土层深厚,加固深度最深处超过水下50m。除此之外还面临一些特殊难题,如地基加固区域地质条件复杂,存在 N 值大于20击的硬土层,且土层较多的以互层、夹层形式赋存,错层与土层缺失现象较多。例如②1 黏土层的标贯击数平均值为13.6击,最大值达19击,且起伏较大,高程在 $-35.71 \sim -18.1$m,厚度 $1 \sim 6$m;而③2 粉质黏土夹砂层的标贯击数最大值更是达到了24击。施工区域无掩护条件,水流急,船体受水流影响,施工定位难度大。加固区域处于国家一级保护动物中华白海豚保护区,环境保护敏感度高。这些难题,不仅在国内是第一次遇到,在国外也未见任何文献报道,因此需要研制新一代专业挤密砂桩施工船以满足工程建设需求[7]。

根据港珠澳大桥人工岛工程地质、海况与所处自然保护区环境保护敏感性的特点,对挤密砂桩施工设备的功能需求分析如下:

(1)需要具备较大的船体尺度,能够在较恶劣的海况下完成施工。其船体性能能够满足作业水域流速≤3.0m/s,风速≤17.1m/s(蒲氏7级),$H_{1/3}$波高≤2m。锚泊环境条件为蒲氏8~9级,水流速度≤4.5m/s。

(2)加固深度指标能够达到水面以下60m左右。

(3)需在南方地区高温、高湿环境中长时间连续作业,且加固深度大,需将套管贯入2.0m厚碎石垫层并在 N 值为20击的硬土层中成桩,因此振动系统应具有较大的静偏心力矩、振动振幅和振动加速度,为此需开发适用的国产振动锤。

（4）根据挤密砂桩施工工艺自主研发施工管理软件系统,有施工管理、集中管理和打设管理的功能,同时具备自主知识产权。人机界面要求提示性操作,简单、友好,具有较强的实用性。通过砂桩各种参数的显示和提醒,使操作人员对砂桩打设过程在控制室可以完全掌握了解,同时降低劳动强度和操作难度,提高砂桩成桩质量。

（5）针对外海作业,实现砂料输送计量的全自动,降低操作人员的劳动强度,提高整个砂料供给系统的效率。

此外,为了进一步提高施工质量、节能环保,还提出了以下设备改进的目标:

（1）对原接触式砂面仪进行改进,对桩管内的砂量进行检测,提高测量速度及精度,保证排出的砂量符合设计要求,避免出现由于下砂量不足造成断桩或者缩径桩的出现,保证工程质量。

（2）改进原空气压缩输送系统,将污染、噪声、能耗较大的分布式柴油空压系统改为环保性能高的集中式电动空压系统,同时增大空气储藏容积,提高压缩空气响应速度。

（3）对原挤密砂桩进料斗结构进行改进,采用新型双导门结构,节约压缩空气用量,防止套管进料失压对砂桩质量的影响。

根据以上功能需求,中交三航局研制建造了第二代挤密砂桩施工船,船体基本参数为:桩架高86m,船型总长75m,型宽26m,型深5.20m,设计吃水3.0m。采用三联管设计,三联管打桩间距可调。配备国产的500kW的振动锤,布置砂料输送系统、砂料提升系统、双导门进料系统、振动锤系统、超长桩管系统、压缩空气系统和施工自动控制系统。同时引入了GPS无验潮测量定位系统,确保打桩的施工高程满足设计要求。施工质量管理系统分为管理操作和打设两部分进行设计,施工人员和管理人员任务明确,管理方便。

除了自主研发建造的"三航局砂桩6号"、"三航局砂桩7号"、"三航局砂桩8号"外,港珠澳大桥工程中还使用了从日本引进的4条挤密砂桩施工船,局部区域也使用了国产第一代挤密砂桩施工船"起重10号"（改造船）。投入使用的施工船汇总于表3-15。

本书重点介绍自主研发建造的挤密砂桩施工船的主要设备、控制系统及其施工过程中的相关技术问题。

4.1.2 主要设备

1）振动锤

经过对地质情况的深入研究和对国内外振动锤型号的技术与经济性比选,采用国产DZ50S振动锤作为新一代砂桩船振动设备。该锤包括动率≥250kW的主电动机和从电动机、两个皮带传动系统、激振器以及电气驱动系统,其电气驱动系统包括含主变频控制器、从变频控制器和光纤的变频控制系统以及滤波器,主变频控制器和从变频控制器通过高速光纤连接达到同步,在系统升速、降速和恒速运行过程中,主变频控制器按主电动机的运行转矩信号以

2ms 速度刷新调节从电动机的转矩输出,使之与主电动机匹配,实现主、从电动机输出负荷动态的平均分配;保证了振动锤主从电动机的转矩输出一致、输出负荷动态平均分配、适应电压不稳定的打桩船供电系统。同时该锤采用油冷系统克服了高温环境下振动锤轴承过热问题,工作稳定可靠、有效提高设备使用寿命,保证了施工的连续性。该锤型主要用于地基改良的挤密砂桩的施工作业,具有较大的静偏心力矩、振动振幅和振动加速度,且沉桩能力强,作业效率高,尤其适用于地基加固的挤密砂桩贯入。

2)砂料输送系统

砂料输送系统为砂桩的形成提供原材料,主要由砂箱、砂料输送带、计量斗、提升斗、进料斗组成。砂料输送系统包括砂料输送带的启动和停止、计量斗门的打开和关闭、提升斗的上升和下降、提升斗门的打开和关闭、进料斗门的开启和关闭及进料斗内的充气和放气。自动模式下可以实现砂料控制系统的全自动供给,降低了操作人员的劳动强度,提高了整个砂料供给系统的效率。

3)沉管辅助系统

由于地基土特性差异较大,第二代挤密砂桩施工船配备套管贯入辅助装置来克服夹砂层对贯入的影响。在桩管端部外侧安装外喷嘴,并配备高压水泵,配备的高压水泵性能参数为 $50m^3/h \cdot 2.0MPa$,通过喷射高压水破坏夹砂层,使得桩管顺利贯入。经多个工程现场施工验证,达到预期的效果。

4)砂面仪

在挤密砂桩打设过程中,砂面仪对桩管内的砂量进行检测,保证排出的砂量符合设计要求,避免出现由于下砂量不足造成断桩或者缩径桩现象。新型砂桩船对已有砂面仪进行改进,将接触式砂面仪引入非接触式砂面仪。采用雷达波物位计作为非接触式砂面仪的核心,新的砂面仪适合在恶劣环境下使用,同时测量精度达到 1cm,满足砂桩施工砂面测量的要求,工作效果良好。

5)空气压缩输送系统

为满足挤密砂桩施工工艺需要,空气压缩与输送系统选择采用 4 台电驱动空压机,排量为 $60m^3/min$,排出压力为 1.3MPa,替代了第一代挤密砂桩施工船使用的分布式柴油空压机空气压缩系统,并设置了总容积约 $250m^3$ 的空气瓶,满足桩管短时间、大容量的耗气需求,为连续提供高压空气提供保障。

6)自动化控制系统软、硬件构建方式

控制策略采用集散控制模式,由集中控制系统总体协调其他集散控制子系统。系统主要由信号检测元件模块、信号执行元件模块和信号控制模块组成。信号检测元件模块主要包括:限位开关、压力传感器、编码器、吨位计、雷达测距仪。信号执行元件模块包括:气动球阀、气缸、电磁阀组、桩管升降绞车电机、提升斗升降绞车电机、振动锤电机、砂料输送带电机、空压机。信号控制模块包括：PLC（Programmable Logic Controller，可编程逻辑控制器）、变频器、人机界面、触摸屏。

7）控制软件系统

砂桩施工管理软件系统分施工管理、集中管理和打设管理三部分。施工管理、集中管理较为复杂的人机界面由施工管理人员进行操作，只需配备一两名即可。打设管理人机界面均为提示性操作，简单、友好，具有较强的实用性。

图4-1　第二代国产挤密砂桩施工船

打设管理系统主要功能包括：显示设定的成桩参数；显示成桩的阶段；显示进气、排气状态，导门的打开、关闭状态；显示下砂量的控制曲线、SL曲线和GL曲线。通过砂桩各种参数的显示和提醒，使操作人员在控制室即可对砂桩打设过程完全掌握了解，降低劳动强度和操作难度，提高砂桩成桩质量。

第二代挤密砂桩施工船（图4-1）通过上述系统基本可以实现港珠澳大桥工程挤密砂桩施工的功能需求。此外，还进行了一系列技术改进，以提升工效、节能减排，具体改进措施包括双导门系统、套管端部结构以及砂面测试方式的改进等，以下重点介绍其中的导门改进和砂面仪改进。

4.1.3　导门改进

挤密砂桩施工需要在套管中保持一定压力的压缩空气，保证工艺流程中排水与拔管阶段排砂工艺步骤的施工质量和施工效率。在第一代挤密砂桩施工船中为了能够在挤密砂桩施工中向套管内加入压缩空气和砂料，顶部新设置了导门和加砂口，实现了套管的密封。但在每次投入砂料时需要打开进料斗导门，套管内的压缩空气需要放空后，进料斗导门才能打开，套管与大气相通。投料完毕后又需要关闭进料斗导门，再次向套管内注入压缩空气，在此过程中造成大量的压缩空气损失，节能效果不佳。因此通过对进料斗结构进行研制，开发了一套双导门系统，其结构工作原理如图4-2所示。

投入砂料时，上、下导门关闭，打开放气阀，将进料斗内压缩空气排出，套管内保持压力。打开上导门，投入砂料；砂料投入完毕后，关闭上导门，打开进气阀向进料斗内加压。压力基本平衡后，打开下导门，进料斗内砂料进入套管中，套管内始终保持压力，大幅减少了压缩空气的用量，提高了施工效率。

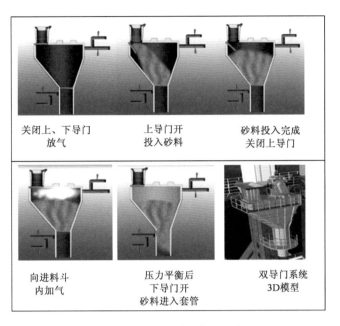

关闭上、下导门
放气　　　　上导门开
投入砂料　　　砂料投入完成
关闭上导门

图 4-2　双导门系统工作原理图

4.1.4　砂面仪改进

1)测量方式的改进

砂面仪是确保挤密砂桩施工质量的关键设备。由于在拔管过程中无法准确获知套管内砂料排出套管的实际情况,就会存在过程灌砂率得不到保证的缺点,易出现砂桩直径缩小、断桩等缺陷,砂桩施工质量得不到保证。在第一代挤密砂桩施工船上采用接触式砂面仪作为套管内砂料测量的手段,控制过程灌砂率和实时反映扩径成果,保证挤密砂桩质量[2]。接触式砂面仪主要有两种,分别为"伺服电机-旋转编码器"方案和"张力传感器-旋转编码器"方案。两种方案均采用重锤进行砂面测量,当重锤到达砂面时,重锤的重量部分由砂面支持,钢缆所传来力将减小,当减小至设定值时,认为重锤已经到达砂面,此时采集钢缆所放出的长度,就可得到目前砂面所在位置,从而达到测量砂面高度的目的。第一代挤密砂桩施工船分别使用了这两种测量方案。在实践中发现"伺服电机-旋转编码器"方案有以下缺点:第一,伺服电机的价格昂贵,电机本身与 PLC 驱动器的单价均为数万元;第二,编码器可能会出现打滑的现象,从而影响判断的条件,进而直接影响测量的精度,由此而产生的误差难于及时发现以致无法再次测量。

"张力传感器-旋转编码器"方案利用压力传感器测量钢缆上的张力,当重锤到达砂面时,引起钢缆张力发生变化,压力传感器的采样值随之变化,PLC 发现这一现象后认为重锤到达砂面,电机停止,利用编码器计算重锤位置并得到砂面高度。存在的缺点是放出钢缆的长度无法事先精确指定,在实际实现过程中利用"锁定-判断"的往复式测量方法,测量精度较高,但受到砂桩船振动环境的影响,累计误差较大。

在施工试验中发现,接触式砂面仪存在以下不足:

(1)测量速度较慢,平均8~10s测得一次砂面数据,有时难以及时反映桩管中砂面变化。

(2)测量钢缆易发生故障,造成重锤遗落或绞车被卡住。

(3)测量缆在滑轮中打滑造成测量误差,且误差在测量中不断累积,需要每施工若干根桩后对编码器初始参数进行校正。

同时由于重锤钢缆进入套管需开孔,套管无法做到完全密闭,有少量压缩空气浪费。为保证港珠澳人工岛工程的挤密砂桩质量,对砂面仪进行了改进,采用非接触式测量方式。工业上广泛使用的非接触式测量仪器主要有:激光测距仪和雷达波物位计。激光测距仪是用激光作为主要工作物质来进行工作的,此方法具有测量精度高、测量速度快等特点,测量精度可以达到毫米级。而雷达波物位计可以采用能量很低的极短微波脉冲通过天线系统发射并接收。雷达波以光速运行,运行时间可以通过电子部件被转换成物位信号,通过一种特殊的时间延伸方法可以确保极短时间内稳定和精确的测量,通过输入容器尺寸,可以将上空距离值转换成与物位成正比的信号。此方法一般用于恶劣环境下的非接触式物位测量。雷达波物位计安装位置如图4-3所示。

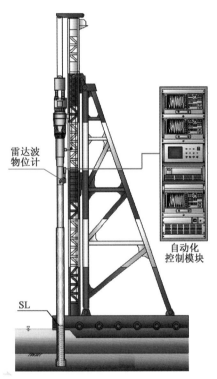

图4-3　雷达波物位计安装位置示意图

对采用激光测距仪和雷达波物位计作为测量仪器的砂面检测仪进行了比选测试。试验在桩套管狭长黑暗、振动的实际环境下进行。通过现场试验详细比较了各种测量方案后选用了雷达波物位计方案作为砂面仪的解决方案。

根据实际应用中的套管长度、套管内最高空气压力、振动体系的频率及加速度和施工要求的测量精度及测量速度,选择合适的雷达波物位计。其工作参数指标如表4-1所示。

雷达波物位计工作参数表　　　　　　　　　　　　表4-1

工 作 参 数	取 值 范 围	工 作 参 数	取 值 范 围
测量范围(m)	0.4~70	测量间隔(s)	1
环境温度(°)	-40~200	耐振	机械振动$4g$,5~100Hz
环境压力	-1~+40bar(-100~+4 000kPa)	防水等级	IP68
测量精度(mm)	±15		

82

经过现场施工长达一个月的振动验证,该型号雷达波物位计完全能够在恶劣环境下使用,同时测量精度达到1cm,满足砂桩施工的砂面测量要求。

2)传输方式的改进

砂面仪测量获得的SL数据是挤密砂桩施工质量的核心信号,原挤密砂桩施工船通过多芯电缆线将砂面仪信号传至PLC信号采集系统。电缆线受到振动的影响,与砂面仪接线端连接部位易发生疲劳损坏,且受到外场盐湿环境和电磁环境的影响,信号传输的稳定性受到很大影响,出现了故障排查和维修困难的问题。因此在研制新一代挤密砂桩施工船的过程中采用基于WLAN数据传输技术的无线砂面仪SL数据传输系统,并在港珠澳大桥工程中得到成功应用,对砂桩船的物位系统各参数进行采集和传输。

(1)数据无线传输系统的构成

数据无线传输系统包括物位测量、数据采集、数据发射、数据接收、数据输出等。该系统适合运用在野外、水工工程中铺设线缆困难或者是无法铺设线缆的场合,并很方便构成现场以太网,进行大量数据的采集和传输。

数据无线传输设备将控制系统发出的控制信号通过无线传输设备发出,无线接收设备接收后驱动电磁阀、继电器等电气装置来控制外部相关设备进行动作。外部设备的状态信号通过无线的方式反馈给控制系统,在系统中实现模拟量和开关量的传输。数据无线传输设备需要工作在高湿度、振动剧烈、安装条件受一定限制的环境中,在确保数据传输设备可靠性的前提下,要求设备有较强的耐久性。物位无线传输系统框图如图4-4所示。

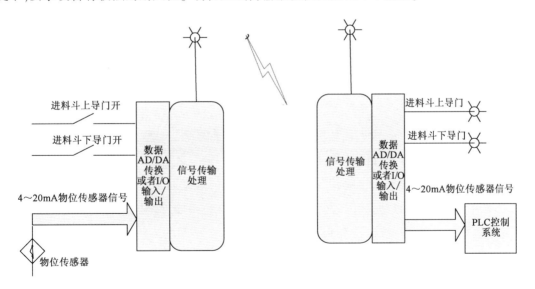

图4-4　物位无线传输系统框图

(2)抗震设计

设计防震电气箱的目的是将大约$10g$纵向加速度减少到无线设备所能承受的$2.5g$左

右的纵向加速度,避免通信设备因振动、冲击作用太大而损坏。在箱体的底部安装了4个隔震器进行低频率的初次减振;箱体底部安装4个高频减震器进行二次减振,数据传输设备安装在箱体内部电气板上,输入/输出信号线通过安装在电气箱上的防水接头连接到箱体内部。

(3)数据无线传输模块

数据无线传输模块安装在防震电气箱中,在物位数据采集传输系统中,传感器产生的4~20mA电流传输到数据采集模块,再通过无线方式传输到控制室安装的数据接收模块,然后将数据输入到PLC控制系统。

4.2 控制系统

施工自动控制系统由硬件及软件组成,是挤密砂桩工艺实现的重要组成部分,它使全船各个设备有机地结合在一起,在施工过程中为操作人员提供操作的指令与提示,在可能的环节自动执行规定动作,在必要的场合对某些操作进行限制,同时对施工的整个过程进行记录、资料整理与保存,从而达到对砂桩施工过程全面辅助与控制的目的。

为有效实现自动控制系统的要求,使整个自动化系统形成有机的整体,自动控制系统硬件框架采用上位工业控制计算机+下位可编程逻辑控制器(PLC)的结构加以实现,控制器与上位机之间使用通信总线连接,上位机之间相互以以太网络连接交换数据,组成完整的系统。此外,系统还进一步将网络扩展至GPS定位系统,使GPS信号可以不断读入系统,以实现施工工艺控制过程中对高程要求的支持。

PLC通过与各种外场设备控制器、信号采集器直接连接,可以对当前全船的各种设备进行必要的控制,并对各设备必要的状态进行采集与分析,并根据事先定义的各种规则实现设备的联动,联锁控制。

PC(Personal Computer,个人计算机)则进行工艺相关的复杂运算,提供显示界面与用户操作接口,并对施工的过程进行记录及对施工记录进行管理。

PC与PLC利用数据通信电缆相互连接,依靠内部的数据通信协议进行数据互换与命令传达,PLC中采样所得的数据被传送至PC,供PC进行相应的运算与显示,而PC中与工艺相关的复杂运算的成果则也被回送至PLC中,以实现在各个不同的工艺阶段不同工艺状态下参数的精确控制。

选用这种方式主要考虑了两种控制设备各自的特点。PLC在工业控制场合被广泛运用,可通过各种扩展模块与现场设备进行连接,对各设备的状态进行采样,再根据控制逻辑形成较复杂控制输出信号,控制各设备的动作。PLC可以实现相对复杂的控制逻辑,且在系统控制逻辑发生变化时,不需要对线路本身进行大量的变化,而只需要对PLC内部的程序进行变更即可。此外,PLC 程序运行可靠,并可以方便地进行自复位,从而保证了系统的可靠运行。但与 PC 相比较,由于其在运行过程中对可靠性和快速响应有较高要求,PLC 只能装入规模较小、功能较简单、意外情况不多的软件,只能实现简单的逻辑功能,在用户图形界面与用户操作接口等方面更是能力有限。因此,在具体实现时,根据 PLC 的特点将必要的、应急情况下要求正确及时反映的部分放在 PLC 中进行开发,而将系统中较为复杂的功能在 PC 软件中实现。目前系统中,PLC 主要负责各个信号采样点的信号采集,联动信号的计算、产生与自动控制信号的输出。

上位机包括工业计算机、视频显示器,主要负责与控制器进行通信,对控制器的信号进行采集、计算与记录。上位机安装于驾驶室内,控制软件也运行于上位机,与控制器中的软件相比,运行于上位机中的软件可以执行更复杂的计算,在人机界面方面,基于上位机运行的软件可以更方便地提供丰富直观的用户界面与人机交互手段,操作人员可以控制打桩设备并通过设于驾驶室、机舱的可视监控站观看过程信息。

4.2.1　控制系统的组成

基于砂桩施工工艺的要求,需要对砂桩施工定位,并通过 GPS 系统计算桩套管底高程;在施工过程中,需要由桩管系统、卷扬机系统和提升斗卷扬系统实现对桩管、提升斗的驱动;需要通过砂料输送系统完成砂料由砂箱至桩套管的运送,并通过施工控制系统控制各分系统进行协调工作。砂桩施工控制系统主要包括 GPS 定位系统、砂料输送系统、驱动控制系统、振动控制系统和压缩空气系统等子系统。

1)GPS 定位系统

在砂桩控制系统中,GPS 定位系统可以实现砂桩船施工位置的定位并取得潮位数据。GPS 定位系统和砂桩控制系统工控机之间利用基于 TCP/IP 协议实现计算机以太网络通信。这一网络将施工控制系统和综合管理系统、GPS 定位系统相互连接起来,使 GPS 高程数据实时地传送至各机台上位机,并最终用于各个工艺阶段的计算。

2)砂料输送系统

砂料输送系统为挤密砂桩的形成提供原料,砂料传送带系统设计是否合理,直接影响到成桩的工作效率。砂箱、砂料输送带、计量斗、提升斗、进料斗、桩管等组成了整个砂料输送系统。砂桩船上配备有两台吊机向砂箱里面注砂,砂箱主要作用为储存砂,并作为中转站同时可向三个传送带上供砂。计量斗的主要功能是砂料缓冲和计量,计量斗的容量根据砂桩船的总体设计进行设定。在计量斗砂箱上安装了两个传感器,一个安装在砂箱中部,检测砂在砂箱里面的情况。另一个安装在砂箱的顶部,当砂到达传感器以后动作,并将状态传回控制系统,控制系统控制传送带的停止。提升斗作为一个运输设备负责将砂投进进料斗,提升斗通过 GL 传感器可以实时监控行走位置,配合桩管位置信息可以实现准确地将砂料投入进料斗。

当系统开始运行以后,首先检测系统的工作方式,如设置在自动的工作方式下,系统自动控制外部电路并切断与手动控制电路的连接,操作面板上面的砂料传送带的控制按钮将不起任何控制作用。之后系统检测计量斗砂门是否处于关闭状态,如果计量斗砂门处于开启状态,此时不能进行加砂,传送带不能运行,程序继续回到起点进行检测。当计量斗导门在关闭的状态下,程序执行下一步动作,通过安装在计量斗上部的传感器来检测计量斗内部的砂是否处于满的状态,传感器没有动作,表明计量斗内砂没有满,可以启动砂料传送带开始运行。系统采用的分时扫描的控制技术,检测相关传感器的工作状态。当砂装满以后,计量斗上部的传感器动作,系统采集到信号以后,通过程序停止传送带运行,完成装砂,传送带处于等待状态。在这个工作的过程中,若系统检测到人工紧急停止报警及系统报警,系统将不执行此程序,传送带将自动停止。

3)驱动控制系统

驱动控制系统主要有桩管卷扬机驱动系统和提升斗卷扬机驱动系统,这两类控制系统的硬件配置基本类似,都由大功率的交流电动机、变频器、PLC 及控制系统组成。桩管卷扬机交流电动机需要进行正反转控制,具有紧接停止的控制要求,当对其进行控制时,系统需要先打开刹车,由变频器输出电流对电动机进行控制,因此,变频器需要接收到 3 个控制信号,一个是方向信号,判断是正转还有反转,另一个是速度信号,控制电动机的运行速度,最后一个为确保系统运行安全设置的一个控制变频器运行的联锁命令信号。

提升斗卷扬机驱动系统类似桩管卷扬机控制系统,驱动采用了 ABB 的变频器驱动单元。提升斗运行于桩架上,基于安全的考虑,为了避免系统出现失控造成财产损失和人员的伤亡,在桩架的上部和下部安装了限位开关,当其中一个开关动作以后,变频器控制系统采集到信号以后,将自动地停止相关设备的继续运行,仅可以反方向运行,如图 4-5 所示。如 BL(提升斗高度)传感器出现了问题,系统没有收到信号或者是收到错误的信号,提升斗以某一状态继续运行,当运行到限位开关后,提升斗自动停止,确保了系统的安全。

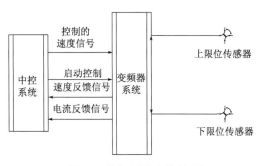

图 4-5 提升斗卷扬机控制系统

4)振动控制系统

在砂桩施工船上,每一个桩管都配置了两个 250kW 的交流电机来驱动砂桩振动锤工作。砂桩控制系统对振动锤的控制比较简单,只有启动/停止控制的要求,振动锤的工作频率在一个固定的频率上。

图 4-6 为振动锤控制系统原理图,中控系统由施工控制计算机和 PLC 控制器共同完成对振动锤变频控制系统的控制,振动锤电动机驱动需要大电流,但大电流可能对控制系统信号产生干扰,因此,在系统布线时应该重点考虑电动机驱动电缆与控制系统控制信号线分开设置、

系统接地可靠,且采取措施对振动锤变频器输出电流进行滤波处理,避免控制系统信号错误而出现误动作,影响控制系统的稳定性及可靠性。

5)压缩空气系统

供气系统作用是确保在成桩过程中,加载到桩套管内部的空气压力达到合适的数值,桩管外部的水、泥不会进入桩管内部,确保成桩的顺利进行。在砂桩系统中,由安装在后甲板上的 3 台压缩机提供气源,通过管道传送到安装在船体中部的空气瓶中,主要包括空气压缩机(简称空压

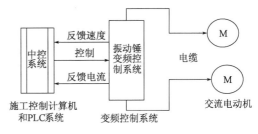

图 4-6 振动锤控制原理图

机)、储气罐、空气管路、加气阀、放气阀、压力传感器和在管端结构内设置的空气喷嘴(JET),最后,通过控制系统控制电磁阀实现桩管、进料斗内部的气压调节。

4.2.2 施工参数及系统软件

施工系统软件主要包含综合管理软件和施工控制软件,在软件设计中被分为两部分独立的软件进行开发,开发支持局域网通信的模块,两个应用程序之间利用多种通信手段收发指令。综合管理软件主要是通过软件来配置施工控制参数、施工基础信息库、施工结果数据、施工结果报表制作等管理性功能;施工控制软件则是负责帮助施工人员进行施工控制的管理软件,软件利用 TCP/IP 协议的通信技术与施工控制软件进行高频率的数据交换,确保数据的实时性。采用智能计算的方式得到施工过程中所使用的数据并在软件中界面展示、绘制施工图表、判断施工状态及施工预警等,帮助施工人员完成施工。

综合管理软件设计了一个中心数据库,存储施工基础信息、配置参数、配装图、施工过程、施工结果等施工信息,目的是为了统一管理数据,因此,中心数据库只允许与综合管理软件进行访问。中心数据库支持多种连接方式,一般采用 TCP/IP 的连接方式。

施工系统软件中的综合管理软件和施工控制软件实际上是 Client 对应 Server 的关系。综合管理软件作为综合信息的管理者如同 Server 的角色,通过 TCP/IP 和文件系统组合的方式实现了对多个控制平台的管理,其中包括分发配置信息、传递施工结果数据、过程监控等;而施工控制软件在砂桩船施工控制台中被分别部署在 3 台计算机中,通过主动连接综合管理计算机,确认就绪后,该平台如同 Client 的角色,如图 4-7 所示。

1)综合管理软件

综合管理软件包含以下功能:系统设置、施工控制参数设置、施工显示设置,配桩基础数据管理、成桩数据配置、配桩图管理、施工方案/作业管理、施工管理,造桩结果显示,窗口显示等一系列功能。整体界面 UI 使用 DevExpress 界面控件开发而成,多窗口之间采用了 MDI 的窗口显示模式展现,用户不需要担心多界面而显得程序较为复杂不便于管理,列表显示数据使

用了二维网格的形式展现,这样展现数据既直观又整齐,能够一目了然。

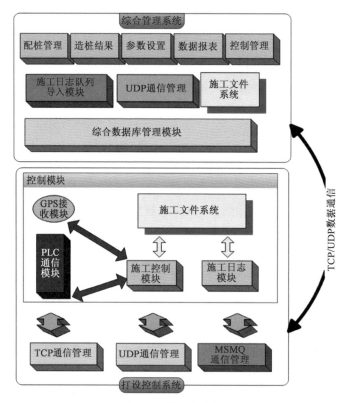

图 4-7　系统通信示意图

综合管理软件启动时首先会出现欢迎界面,如图 4-8 所示,是一张描述砂桩船的形象图片,可以关闭该窗体,点击窗体右侧的关闭按钮即可。系统设置密码管理功能,操作人员只有通过了系统对密码检测以后,方可正常使用该系统。

图 4-8　综合管理系统

(1)系统参数设置

系统参数设置隶属于综合管理软件,其主要实现系统基础信息的设置,主要分为四大板块,分别是:船名称和打设间隔设置、设备参数设置、施工常量设置、报表和 GPS 文件设置。船名称是设置施工船舶的名称,最终的成桩报表需要使用此数据,打设间隔设置包含 GPS 等待时间、GL/SL 等待时间和 UDP 通信间隔的设置。这些设置主要是施工控制系统中线程调度关系的设置,除特殊情况需要调整外一般只需要设置一次。其中 GL/SL 等待时间是指施工控制程序与 PLC 通信的间隔周期,一般情况下该值最适当的值由工程师给出指导性的范围值,根据设备调试情况而定。

设备参数设置包含提升斗砂量、砂量管内高度、振动锤型号、最大桩管速度信息。这些信息参数同样适用于施工控制系统。

施工常量设置中包含 SL 最高长度、SL 补正值、GL 补正值、SL 标定高度、BL 标定高度、GL 标定高度字段。这些字段在施工控制系统中和参数计算中都有不同的作用。SL 标定高度、BL 标定高度和 GL 标定高度是管理系统中施工人员需要标定操作时标定的当前高度的值。

(2)成桩数据管理

成桩数据管理是设置成桩参数的模块,管理列表采用 Master Detail 模式的 Grid Control 展现数据。列表第一级展示了桩型的一部分比较重要的设计参数,例如:设计桩顶高程、设计桩底高程、设计成桩长度等;第二级的展示需要用户点击列表左侧的"+"按钮,展开后可以看到成桩段数的详细参数,例如成桩桩径、成桩长度等信息。当列表中没有选中的记录时,系统不允许编辑和删除数据;当编辑或删除的数据已经投入使用(投入使用指:已经设置在配桩图中或者已经打设过该类桩型),系统不允许编辑或者删除该条记录。

成桩数据编辑,主要分为两部分设置,成桩基础配置和成桩详细配置。成桩基础配置设置基础数据,例如:设计桩顶高程、设计桩底高程等信息。成桩详细配置直观地展示了成桩段数和其参数的配置,用户可以通过左侧的复选框灵活配置成桩段数,最多可配置 5 段不同信息的桩型,同时系统根据用户的选择激活选择的信息输入行。设置完成后,参数最终会发送到施工控制的参数显示中以提示操作员。

(3)配桩管理设计

配桩图管理在施工管理菜单中,该功能提供了一种虚拟图纸的概念,从而让施工人员根据设计要求与标准制作施工区域的施工计划。用户可以创建多种不同结构、不同形式和根数的施工配桩图,供施工需要所使用。这样做的好处是提高配桩图的效率,便于归档。配桩图设置中采用常用的配置方式,先选择正方形和三角形配置,再配置直列和横列的间距及根数。

配桩图列表罗列了系统中所有的配桩图记录,显示字段有序号、配桩图名称、布局类型、横列根数、竖列根数和创建时间,当列表中没有选中任何记录时系统不允许编辑和删除记录。

当用户新增或编辑配桩图时有两个步骤,例如图 4-9 所示一次编辑布局类型,配桩图编辑主界面是一个二维网格模式的编辑器,以四个格子为一组作为一个桩的施工区域表示。

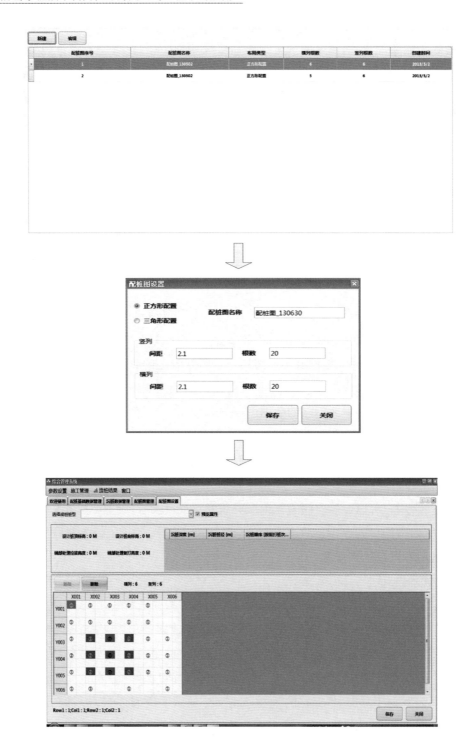

图 4-9　配桩图设置流程

　　布局类型有两种模式:矩形和三角形。当用户处于编辑模式时系统为了数据的兼容性和实际需求考虑,不允许改变原先设置的布局类型,而横列根数及竖列根数只允许放大不允许缩小。

　　布局类型编辑完成后,系统进入详细配桩图配置,从界面上看分为两部分。上部为选择桩型及桩型对应的参数,下部为详细配桩图编辑界面。上部可按照用户的需要进行显示和隐藏,除选择桩型的下拉菜单外都可以控制。通过在不同深度处设置不同桩径可以实现在同一根桩中实现不同砂桩直径,以适应不同地质条件下的灵活设计。

　　施工人员需要选择桩型编号,该桩型编号是之前成桩管理中添加的配置信息。下拉列表中显示的是成桩型号。桩型编号的右侧复选框用来显示桩型配置的详细数据。

　　图 4-10 是配桩图配置区域,桩图为一个二维表格,X 轴以 X001 开始,Y 轴以 Y001 开始,那么对应的桩管名称则是 X 轴坐标-Y 轴坐标-桩型编号。图 4-10 为 20×20 的二维表格。在该桩图上方设计了两个开关按钮,分别是追加和删除。开关按钮指用户点击后变成开状态再点击按钮恢复到默认状态,点击后的状态如表 4-2 所示。追加按钮指在配桩图中追加打设点,删除则是删除桩图中的打设点。

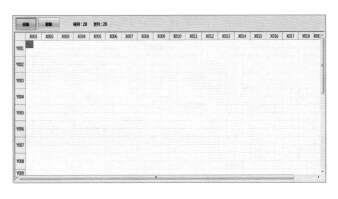

图 4-10　配桩图配置区域

状　态　表　　　　　　　　　　　　　　　　　　　　表 4-2

项　　目	功　　能	备　　注
☐ 预览属性	复选框,选择显示和隐藏成桩属性,如右图所示	设计桩顶高程:(M)　设计桩尖高程:(M)　端部处理控接高度:(M)　端部处理复打高度:(M)　沉桩深度　沉桩桩径　沉桩顺序
追加	配置打设点的打设桩型,当按钮变为开启状态后,点击二维表格中的任何区域都会追加一个桩型标识,标识该区域设计打设该桩型	开启状态:　追加 关闭状态:　追加
删除	开关型按钮,删除区域中的桩型标识	开启状态:　删除 关闭状态:　删除

　　当点击追加按钮后,按钮切换为开启状态,随后通过点击二维表格中的任何一块区域,系统会向该区域添加一个桩型编号,该编号是操作界面顶部施工人员所选择桩型编号。默认状

态下区域背景色为白色,其他状态如下:

白色——默认状态○　蓝色——即将打设●　绿色——正在打设●

红色——发生错误●　灰色——施工完成●

(4)施工管理流程

施工管理设置是操作三台施工控制计算机的入口点,界面中的设计简单明了,施工人员选择施工方案,随机系统将该方案对应的配装图信息显示在配桩图的二维表格中,施工人员编辑桩管间距和打设方向。界面右上角的两个按钮追加和删除为开关按钮,点击按钮切换为开启状态,再次点击为关闭状态。施工管理界面如图4-11所示。

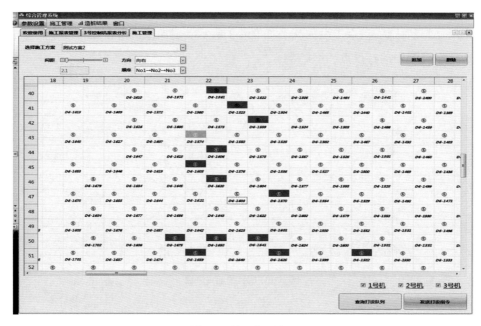

图4-11　施工管理界面

软件开发时,通过设计不同颜色来代表不同的工作状态,分别有即将施工、正在施工、施工完成、发生错误。具体状态如下:

蓝色——即将施工●　绿色——正在施工●　红色——发生错误●

灰色——施工完成●

施工人员按照施工要求追加施工记录,确认无误后点击发送按钮,系统将施工记录发往3台施工控制计算机,如表4-3所示。

变　量　表　　　　　　　　　　　　　表4-3

项　目	功　能	备　注
追加	当按钮为开启状态后,点击配桩图中的任意区域,那么从该区域开始添加3个打设点记录,3个点分别分配给3台控制机	开启状态: 追加 关闭状态: 追加

92

项　　目	功　　能	备　　注
删除	开关型按钮,删除区域中的打设点记录	开启状态: **删除** 关闭状态: **删除**
查询打设队列	查询打设记录列表,列表中列出 3 台控制机的打设队列	
发送打设指令	发送打设指令至 3 台控制机,控制机按照打设队列施工	

图 4-12 为成桩结果管理界面。施工人员可根据需要按照施工时间、施工方案和桩型筛选造桩记录。成桩列表中也可以筛选施工记录的来源,也就是筛选施工控制器编号。

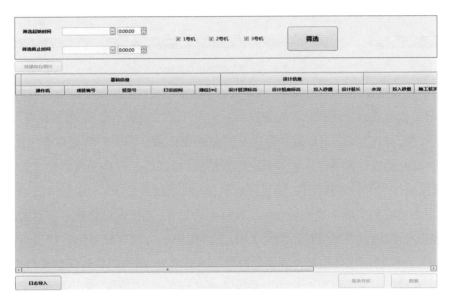

图 4-12　成桩结果管理界面

（5）桩数据查询

施工完成后,施工控制系统通过 MSMQ 的传输方式向综合管理系统上传成桩资料,资料被保存在综合管理计算机的数据库中,管理人员可根据需要按照施工时间、施工方案和桩型筛选成桩记录。成桩列表中也可以筛选施工记录的来源,也就是筛选施工控制计算机编号进行查询。成桩数据记录界面如图 4-13 所示。

施工人员可通过该模块浏览成桩记录或输出成桩资料。用户界面提供了控制机和时间的高级筛选功能,列表字段显示了基础信息、设计信息和施工信息三类数据,该数据源可实现查询并自动排列分页计算,实现每页显示 10 条记录。图 4-13 中,列表中有一行数据为黑色背景,该记录表示被选中的状态,当鼠标点击"报表分析"或"图表"按钮时,弹出的窗口将引用该选中记录的信息显示报表界面和图表界面。

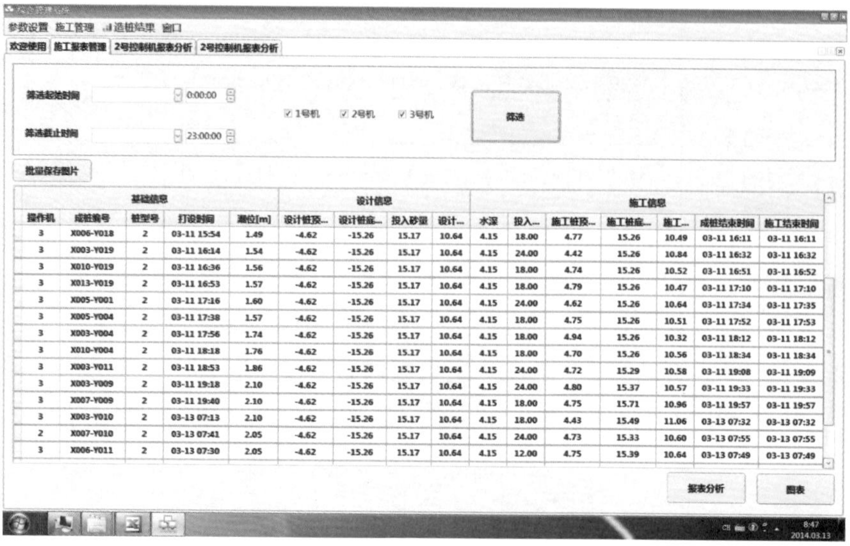
参数设置 施工管理 造桩结果 窗口
欢迎使用 施工报表管理 2号控制机报表分析 2号控制机报表分析
筛选起始时间 0:00:00
筛选截止时间 23:00:00
1号机 2号机 3号机
筛选
批量保存图片
基础信息 设计信息 施工信息
操作机 成桩编号 桩型号 打设时间 潮位[m] 设计桩顶... 设计桩底... 投入砂量 设计... 水深 投入... 施工桩顶... 施工桩底... 施工... 成桩结束时间 施工结束时间
3 X006-Y018 2 03-11 15:54 1.49 -4.62 -15.26 15.17 10.64 4.15 18.00 4.77 15.26 10.49 03-11 16:11 03-11 16:11
3 X003-Y019 2 03-11 16:14 1.54 -4.62 -15.26 15.17 10.64 4.15 24.00 4.42 15.26 10.84 03-11 16:32 03-11 16:32
3 X010-Y019 2 03-11 16:36 1.56 -4.62 -15.26 15.17 10.64 4.15 18.00 4.74 15.26 10.52 03-11 16:51 03-11 16:52
3 X013-Y019 2 03-11 16:53 1.57 -4.62 -15.26 15.17 10.64 4.15 18.00 4.79 15.26 10.47 03-11 17:10 03-11 17:10
3 X005-Y001 2 03-11 17:16 1.60 -4.62 -15.26 15.17 10.64 4.15 24.00 4.62 15.26 10.64 03-11 17:34 03-11 17:35
3 X005-Y004 2 03-11 17:38 1.57 -4.62 -15.26 15.17 10.64 4.15 18.00 4.75 15.26 10.51 03-11 17:52 03-11 17:53
3 X003-Y004 2 03-11 17:56 1.74 -4.62 -15.26 15.17 10.64 4.15 18.00 4.94 15.26 10.32 03-11 18:12 03-11 18:12
3 X010-Y004 2 03-11 18:18 1.76 -4.62 -15.26 15.17 10.64 4.15 18.00 4.70 15.26 10.56 03-11 18:34 03-11 18:34
3 X003-Y011 2 03-11 18:53 1.86 -4.62 -15.26 15.17 10.64 4.15 24.00 4.72 15.29 10.58 03-11 19:08 03-11 19:09
3 X003-Y009 2 03-11 19:18 2.10 -4.62 -15.26 15.17 10.64 4.15 24.00 4.80 15.37 10.57 03-11 19:33 03-11 19:33
3 X007-Y009 2 03-11 19:40 2.10 -4.62 -15.26 15.17 10.64 4.15 18.00 4.75 15.71 10.96 03-11 19:57 03-11 19:57
3 X003-Y010 2 03-13 07:13 2.10 -4.62 -15.26 15.17 10.64 4.15 18.00 4.43 15.49 11.06 03-13 07:32 03-13 07:32
2 X007-Y010 2 03-13 07:41 2.05 -4.62 -15.26 15.17 10.64 4.15 24.00 4.73 15.33 10.60 03-13 07:55 03-13 07:55
3 X006-Y011 2 03-13 07:30 2.05 -4.62 -15.26 15.17 10.64 4.15 12.00 4.75 15.39 10.64 03-13 07:49 03-13 07:49
报表分析 图表
8:47
2014.03.13

图 4-13 成桩数据记录界面

报表分析的布局使用 DevExpress 的 Layout 分割布局控件，布局可动态地左右调整宽度值，根据用户操作习惯可灵活调整。系统界面左侧设计了图表展示区域，图表控件可设置图表显示的数据类型，如：GL、SL、下砂量和标准下砂量的曲线值。该图表数据来源于施工过程中记录的监测数据，经过计算整理成可辨识的数据结构，并以图表方式呈现给管理者。另外，图表控件的属性通过对象的形式配置，配置信息包括（线条值颜色、线条宽度、图表的上限和下限等信息）界面的右侧实现了成桩信息和工程信息的展示，工程信息比较固定不太发生变化，一般以工程为单位，因此系统设计了利用 XML 文件配置的方式存储该部分信息，程序逻辑中使用 LINQ To XML 访问该数据极为方便及高效。除此之外，成桩的桩段信息是报表分析模块的核心部分，系统可以自动提取数据库中的每段成桩的高度、下砂量、索引值、桩顶信息和桩底信息，通过应用程序的计算分析得到报表界面中展示的数据。成桩数据界面如图 4-14 所示。

成桩数据预览窗口中显示了成桩结果相关的信息，左侧为图表信息，左侧图表信息与上一节中图表完全一致，主要考虑让施工人员和管理人员可以直观地看到施工信息。

右侧为基础信息面板，其中包括成桩施工信息、设计信息及报表相关的信息。施工信息包括：自沉开始时间、振沉开始时间、造桩开始时间、造桩结束时间、实际桩长、实际灌砂量、实际桩顶高程、实际桩底高程；设计信息包括：打设桩号、设计桩顶高程、设计桩底高程；报表相关信息包括：工程名称、施工单位、施工船舶、施工区域、锤型等信息。基础信息面板主要包含桩型、桩长（实际桩长）、SL 等数据。

（6）成桩报表生成

砂桩报表记录了砂桩施工过程相关参数，是砂桩成桩质量评估的主要依据。

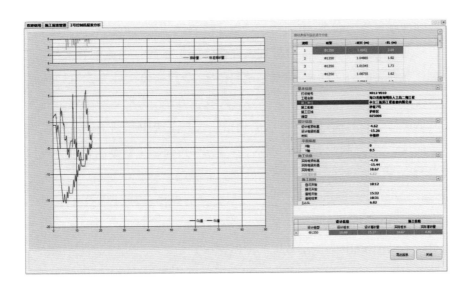

图 4-14 成桩数据界面

报表分析界面中提供了"导出报表"的功能,该功能将数据按指定格式写入 Excel 表格。例如,在成桩结束以后通过综合管理软件查询桩号信息,如图 4-15 所示,报表包括桩的基本信息、施工信息、设计信息、GL/SL 实时曲线等信息,在报表中"设计桩长"与"实际桩长"有一定的误差,是由于在成桩的过程中,在贯入阶段满足了桩管速度着底的条件。

2)施工控制软件

施工控制软件负责施工控制功能。该软件被安装在具有.NET Framework4.0 的运行环境的施工控制计算机上。控制系统拥有一套文件配置系统、日志文件管理系统、通信系统,并具有 PLC 通信支持网络及图表绘制等功能,通过这些系统动态计算,帮助施工人员实现可视化的成桩操作,从而实现成桩的准确性、标准性以及在不同程度上提高了成桩的效率。

当系统启动后日志系统将被激活,日志系统监控系统的每个参数的运行状态,按照系统配置的有效日志级别记录日志。施工控制软件和综合管理软件之间有多种方式来传递数据,除了前文

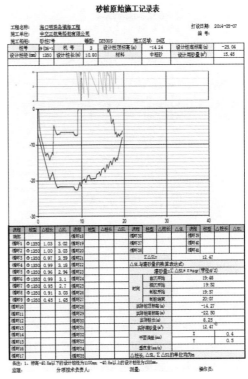

图 4-15 生成数据报表

95

中提到的共享路径的方式,系统设计了 TCP/IP、UDP 和 MSMQ 三种通信方式。共享路径的方式提供了综合管理发送施工命令、访问施工日志和控制系统配置的途径。当施工人员在综合管理程序中发送命令给控制机时,综合管理软件会将施工参数打包成配置文件的形式通过共享路径传递到任务列表中的文件夹,控制系统每隔 1s 会扫描该文件夹,一旦发现存在施工命令再提示是否需要施工。TCP/IP 通信协议会在系统启动时作为检查网络状态的方式使用,此方式决定了其他通信手段的执行状态。UDP 通信协议在系统中起到了举足轻重的作用,当系统运行时产生的日志、状态的改变以及与综合管理软件传递施工数据的传输都是以 UDP 的通信协议实现的,具有占用资源少、异步操作、性能高等优点。

另外,控制程序必不可少要与 PLC 进行数据交换的操作,因此控制软件中设计了一套针对 PLC 通信的数据管理模块,该模块传输频率较高,在 1s 内需要进行至少三次的通信,因此基于上述目标封装了以 TCP/IP 为底层基础的通信模块。

施工控制界面如图 4-16 所示,分别显示设定的成桩参数、成桩的进程、进气/排气状态、导门的打开/关闭状态、下砂量的控制曲线、SL 曲线以及 GL 曲线。通过砂桩各种参数的显示和提醒,使操作人员对砂桩施工过程在控制室既可以完全掌握了解,降低劳动强度和操作难度,提高砂桩成桩质量。

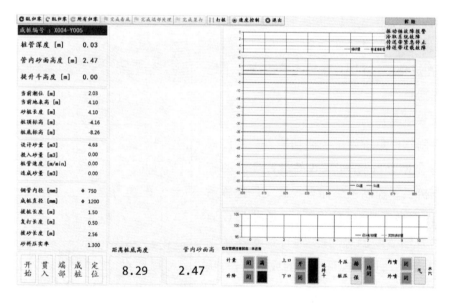

图 4-16   施工控制界面

(1)施工开始

图 4-17 为开始阶段界面,显示当施工控制软件进入待命状态后,软件每隔 1s 会有一次任务检查事件被触发,当系统检测到存在未施工的任务时就会以交互式的提醒方式告诉施工人员有新的任务需要施工。

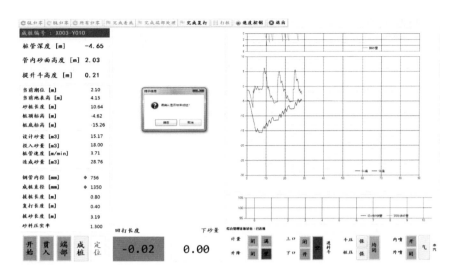

图 4-17 开始阶段界面

施工人员点击确定,系统进入开始状态;如施工人员点击取消,系统进入准备开始状态,但是任务依然保留监听。当系统进入准备开始状态时,施工人员如需进行施工设置,可以选择菜单中的打桩选项进行施工操作。

(2)施工贯入

施工人员确认开始施工后,桩管往下移动时,程序随即由开始状态进入贯入状态,在控制系统的中间区域可以看到施工状态的改变,如图 4-18 所示。

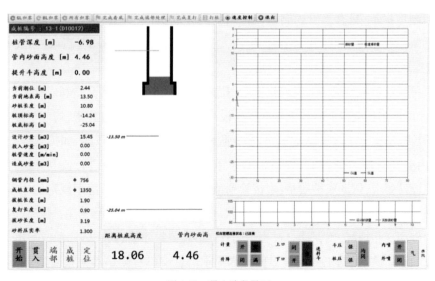

图 4-18 贯入阶段界面

控制界面上具有施工参数、控制进程、GL/SL 实时参数、设备状态等数据,施工进程将根据施工过程进行变化。

桩管着底设计采用了桩底高程控制法和桩管贯入速度控制法。前者通过判定 GL 到达设计桩底高程进行着底控制，后者是在某些土层中发生贯入困难时，系统根据综合管理软件中设置的桩管贯入速度进行着底判断，由软件自动判定，并提示施工人员进行操作，着底流程如图4-19所示。实际施工时采用的具体判定标准是：实际桩底高程与设计高程差值不大于3m时，桩管的贯入速率出现持续10s不大于1.0min，可以停止贯入。有关着底判断以及在硬夹层中停止扩径的判断准则，参见3.3节中的详细介绍。

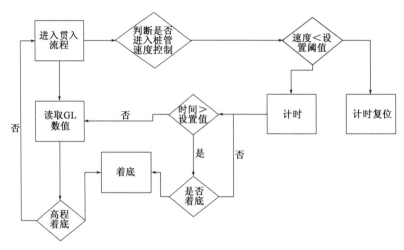

图4-19　着底流程图

（3）端部处理

程序在端部处理时，施工控制软件具有桩套管内泥柱长度测量和桩套管着底跟踪功能，并在界面上清晰地提示，只有当管内剩余泥柱高度为零或负值，桩管着底两个条件都满足时，软件才会自动跳出提示框，端部处理结束，施工人员点击确认以后从控制流程进入成桩流程。

（4）施工成桩

砂桩成桩通过多次拉拔、回打循环完成。拉拔阶段为保证成桩的品质和成桩质量，必须保证下砂率，即保证拉拔长度内下砂量大于或等于设计下砂量。在拉拔过程中，均匀下砂，成桩密实，且桩套管的拉拔速度与下砂量紧密相关；在此阶段涉及的控制因素较多，如桩管提升速度、下砂量、桩套管内空气压力。各控制参数相互作用，在施工过程中要充分进行监测并进行控制，确保下砂量满足设计要求，保证成桩质量；当拔管到预定高度时，且砂面下落到规定的用砂量后，可进行回打。回打阶段主要通过回打扩径，并使得砂桩挤密。在回打过程中，控制好管内加压，应密切观察管内砂面变化情况，确保回打过程中套管内砂柱高度不变，防止砂回涌或喷出。

图4-20所示为成桩施工界面。界面底部提示信息窗口右侧显示拉拔时实际下砂量，左侧拉拔时显示剩余拉拔高度，复打时显示剩余复打高度。在挤密砂桩成桩循环过程中，由于土层分布的原因，一般在底部成桩时扩径较困难、成桩速度较慢，而在桩顶部位由于侧向约束作用较弱，回打扩径较容易。为了保证桩顶部位成桩质量，在顶部进行加密循环，例如在距离桩顶高程≤1m时，分3次进行成桩，第一、二次分别成桩40cm，最后成桩长度 ΔL 的拉拔长度/回打

长度按照比例计算取得。

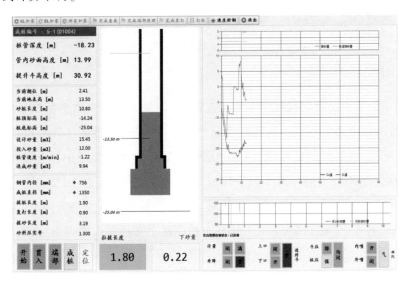

图4-20 成桩施工界面

（5）桩管定位

按照挤密砂桩的工艺流程,控制系统自动判定桩管底高程 GL 值在泥面以上时(根据水深,至少保证桩管泥面以上设定)为施工结束并且发送施工结果和日志报告给综合管理软件,后者通过 MSMQ 通信协议接收到来自控制系统的施工结果触发导入日志的事件,导入日志通过后台线程执行不影响正常的综合管理的使用,但是需要综合管理软件启动才能有效执行。同时控制系统中在前一次施工中用到的部分参数全部重置为初始状态,包括状态栏、显示信息栏、两块图表模块及底部计算信息提示栏。GL、SL 和 BL 值不会重置,这些值的重置需要施工人员使用标定功能方可生效。随后系统进入待命状态,如有新的施工任务按照之前的流程重新开始施工,以此流程迭代反复执行。桩管定位界面如图4-21 所示。

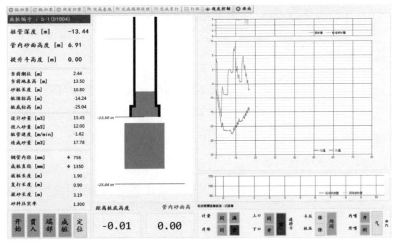

图4-21 定位界面

4.3 复杂地层中的成桩判定

4.3.1 研究目的

上述控制系统可满足挤密砂桩的基本工艺要求,但对于港珠澳大桥所在场地的复杂地质分布,挤密砂桩的施工还需克服一些特殊难题。地质资料显示,该地区软土层埋深起伏很大,土层较多地以互层、夹层形式赋存,错层与土层缺失现象较多。夹层中存在②1 黏土层及③2 粉质黏土夹砂层。②1 黏土层标贯击数平均值为 13.6 击,最大值达 19 击,且起伏较大,高程在 $-35.71 \sim -18.1\text{m}$,厚度 $1 \sim 6\text{m}$;③2 粉质黏土夹砂层标贯击数平均值为 10.7 击,最大值达 24 击。在成桩过程中,上述的②1 黏土层及③2 粉质黏土夹砂层为难以击穿、难以实现正常挤密扩径的土层,局部区域会难以沉管至设计底高程。

为了在上述复杂土层中保证成桩质量,需开展成桩条件研究,以确定成桩的判定标准,保证加固效果。具体而言是要建立两项判定标准:

第一是对成桩过程中的着底进行实时判断,这是因为土层起伏较大,除了要满足设计高程外,还需利用施工控制系统对每根桩是否进入持力层进行具体判断。

第二是对硬夹层中的挤密扩径进行实时判断,这是因为硬夹层土体强度较高,挤密砂桩常难以扩径到设计桩径,同时由于这些土层提供的侧向约束作用较强,从复合地基的设计目标考虑并不需要扩径到上下相同的桩径,因此需要建立一个判定标准,一方面保证加固质量,另一方面适时停止无意义的扩径,避免设备损伤。

根据日本相关资料,在套管打入下沉过程中,依靠激振力克服砂桩套管外侧动摩阻力使套管下沉,依靠体系自重克服动端阻力即可进行挤密成桩。根据欧美等的资料,依靠激振力与体系自重之和克服套管外侧动摩阻力与动端阻力进行成桩。由于挤密砂桩是通过振动锤进行成桩,因而在研究中基于振动成桩理论,通过系统的现场试验研究成桩判定标准[24]。

4.3.2 基本原理

当土体受到振动荷载作用时,构成土的颗粒间的结合度暂时急剧降低,在砂土中产生所谓液化现象、在黏土中体现为触变现象。挤密砂桩的振动锤桩管的贯入和拉拔的原理也是利用了这个现象,对桩管周围及端部、拉拔桩管周围产生的土阻力和摩擦力因振动打桩锤的振动力而大幅减小,贯入时因振动锤和桩管质量的自重产生下沉,拉拔时通过起吊力将桩管从土中拔出。总之,振动锤对桩管施加振动,使桩周围的土体液化或触变,起到使桩周土体的静态阻力减变为动态阻力的效果。

在振动成桩过程中,土体的变形、强度或孔压依据各阶段的动应力特性及土体动变形发展情况,可分为振动压密阶段、振动剪切阶段和振动破坏阶段。

(1)振动压密阶段:当振动荷载的作用较小(力幅值小或持续时间短)时,土体的结构没有或只有轻微的破坏,孔隙水压的上升、变形的增大和强度的降低都相对较小,土的变形主要表现为由土颗粒垂直位移引起的振动压密变形。

(2)振动剪切阶段:当振动荷载的作用超过临界动力强度后,则会出现孔压与变形的明显增大和强度的明显降低,剪切变形在土的总变形中所占的比例也增加较快。

(3)振动破坏阶段:在振动荷载的作用达到极限动力强度后,土中孔隙压力急骤上升,变形迅速增大和土体强度突然减小,最终土体强度完全丧失。

土的强度是土的重要力学性质之一。土的强度问题,实质上是抗剪强度问题。土的抗剪强度是指土体在外力作用下所能抵抗剪切破坏的极限剪应力。当地基受到载荷作用后,土中各点产生法向应力和剪应力。若某点的剪应力达到该点抗剪强度,土即沿着剪应力作用方向产生相对滑动,从而使桩体轻易地穿越该土层,进入更深的土层中。由于振动荷载的作用,土体的抗剪强度变得很小,在反复振动作用下使桩体能够下沉。

振动成桩时,在桩身设置以电、气、水或液压驱动的振动锤,使振动锤中的偏心重锤相互逆旋转,其横向偏心力相互抵消,而垂直离心力相互叠加,使桩产生垂直的上下振动,造成桩及桩周土体处于强迫振动状态,从而使桩周土体强度显著降低和桩间土体挤开,破坏了桩与土体间的黏结力和弹性力,桩周土体对桩的摩阻力和桩端处的土体抗力大大减小,桩在自重和振动力作用下克服阻力而逐渐下沉。振动锤工作原理如图4-22所示。

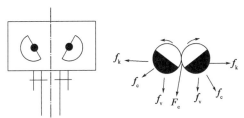

图4-22　振动锤工作原理示意图

f_e-单个偏心重锤的离心力;f_k-单个偏心重锤的横向偏心力;f_v-单个偏心重锤的垂直离心力;F_c-两个偏心重锤的垂直离心力的合力

振动锤的激振力可按下式计算:

$$P_0 = \frac{K \cdot \omega^2}{g} \tag{4-1}$$

式中:K——偏心距;

ω——角速度;

g——重力加速度。

从公式(4-1)可以看出,振动锤的激振力与偏心距、角速度有关,对于同一振动锤其激振力为定值。激振力的传递受偏心影响较大,而在挤密砂桩成桩过程中,桩管端部的力更能反映出振动锤振动能量的发挥程度,因而在试验研究中找出桩管端部力的变化规律更为实用。

日本的方法是将计算模式进行简化。在沉桩过程中,利用激振力克服桩体动侧摩阻力,利用体系重量克服动端阻力。这种方法虽然简单易行,但是对于挤密砂桩这种端阻力较大的成

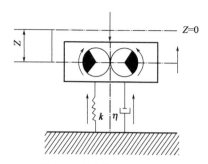

图 4-23 振动体系模型示意图

Z-振动锤的竖向位移;k-弹簧刚度系数;
η-阻尼系数

桩过程而言,会造成较大的偏差。因而应通过建立运动平衡方程对其进行分析计算。

振动锤工作时,振动锤本身与桩组成一个整体,与土体的支撑力形成一个振动体系。振动体系模型如图 4-23 所示。

根据挤密砂桩的成桩特点,选择砂桩套管某一截面以下的部分作为脱离体建立运动平衡方程。脱离体的平衡方程中需考虑重力、桩端阻力、侧壁摩阻力、管内压力、运动加速度等因素。振动体系时程曲线如图

4-24 所示,脱离体如图 4-25 所示。

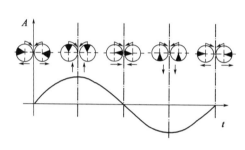

图 4-24 振动体系时程曲线示意图

A-振幅;t-时间

图 4-25 脱离体示意图

脱离体的运动平衡方程为:

$$F_c - F_s - F_r + F_a + mg = ma \qquad (4\text{-}2)$$

式中:F_c——截面处压力;

F_s——桩管入土部分动侧壁摩阻力;

F_r——动端阻力;

F_a——桩管内气压;

m——脱离体质量;

a——体系加速度。

4.3.3 试验研究

基于上述原理,在工程现场利用"三航局砂桩 6 号"开展试验。整个试验共打设 3 根挤密砂桩,系统地测试成桩全过程中套管底端的端部压力、套管轴向应力、加速度分布、振幅、套管内空气压力等。测试过程涵盖套管入土阶段、沉管至一定深度阶段、沉管至极限阶段以及挤密扩径极限阶段。

1）测试内容

具体测试内容包括：

（1）在振动沉桩和挤密扩径过程中，实时测试套管端部压力、套管轴向应力、套管加速度及振幅变化。

（2）砂桩打设过程中的常规记录：灌砂量、GL、SL、套管内空气压力等。

2）测点布置

"三航局砂桩 6 号"的桩套管长 64m，沿桩套管长度方向共布置 7 个测试截面。从套管顶部向下依次是：

1 号截面：距套管底 62.5m；

2 号截面：距套管底 52.5m；

3 号截面：距套管底 22.5m；

4 号截面：距套管底 12.5m；

5 号截面：距套管底 6.5m；

6 号截面：距套管底 2.5m；

7 号截面：距套管底 0.25m。

1 号~7 号截面处各布置 2 个轴力计，2 个轴力计于套管截面两侧对称布置，每侧分为 1 通道和 3 通道；1 通道温度传感器位于 5 号截面和 6 号截面之间，3 通道温度传感器位于 1 号截面处；加速度传感器位于 1 号和 6 号截面处。土压力计安置于套管底面圆形端板处。

传感器布置详见图 4-26。

3）试验区域概况

试验地点选在港珠澳人工岛大桥隧道项目东人工岛西侧约 300m 的静力触探孔 CPTU267（CPTU 为孔压静力触探试验）附近，项目位置如图 4-27 所示，地质剖面图如图 4-28 所示。

根据勘察资料，该区域地层自上而下分别为：全新世海相沉积层、晚更新世陆相冲洪积沉积层、晚更新世海陆交互相沉积层、晚更新世河流相冲洪积层。各地层描述见表 4-4。

试验区各地层描述　　　　　　　　　　　　　　　　　　　表 4-4

地层编号	时代、成因	主 要 岩 性
①	全新世海相沉积	流塑状①1 和①2 淤泥、流塑~软塑状①3 淤泥质黏土
②	晚更新世晚期陆相沉积物	可塑~硬塑状②1 黏土，局部呈软塑状
③	晚更新世中期海陆过渡相沉积物	软塑~可塑状③1 淤泥质黏土、③1−1 黏土、③2 粉质黏土夹砂，可塑~硬塑状③3 粉质黏土和④4 黏土，夹有稍密~中密状粉砂、中砂透镜体
④	晚更新世早期河流冲积相物	可塑~硬塑状④7 粉质黏土、中密~密实状砂土，总体自上而下颗粒由细变粗（④1 粉细砂、④3 中砂及④5 粗砾砂），夹有透镜体状的密实圆砾土

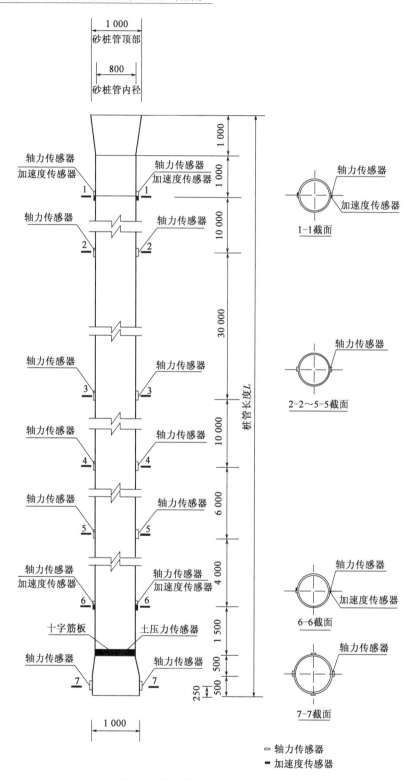

图4-26 传感器布置图(尺寸单位:mm)

104

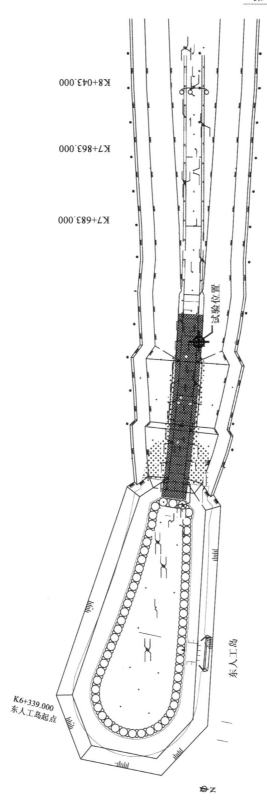

图4-27 现场试验位置示意图

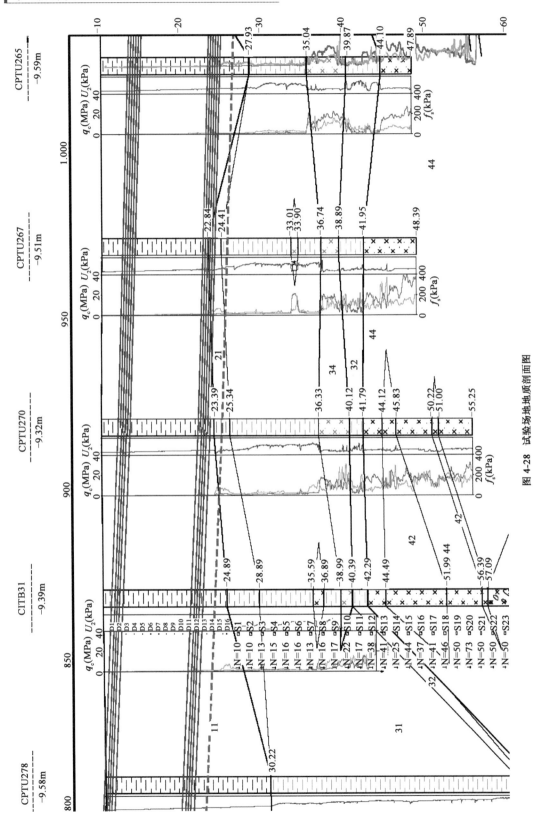

图 4-28 试验场地地质剖面图

此处为建设项目岛隧过渡段,试验前试验区域上部的淤泥土层已挖除,开挖后的泥面高程约为 -20.8m。下方的黏土层范围为 -36.74 ~ -24.41m,底部为承载力较高的砂层,具有较好的代表性。该区域平均水位约为 +1.2m。

4)传感器安装

土压力计安装于砂桩套管底部端板处。端板距离套管底部约0.5m。土压力计安装完成后,在套管内部焊接保护钢管,保护土压力计的光缆。在砂桩套管外侧开孔,以便光缆穿出套管。

加速度传感器主要采用螺栓锚固的方式进行安装(图4-29)。先焊接一块带孔小钢板,平面尺寸比传感器略大,厚度约为2cm。在加速度传感器底面和螺栓螺纹处涂抹环氧树脂,并用一根大螺栓和一根小螺栓拧紧,保证加速度传感器的螺栓不会由于成桩时的振动松脱。

a)加速度传感器栓紧在钢板上

b)角钢保护电缆

图4-29　加速度传感器安装

光纤光栅应变计的安装(图4-30),通过点焊的方式,将应变计四个焊接角焊接在套管外壁。

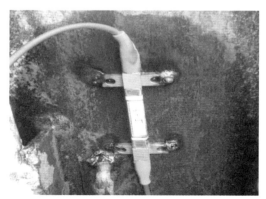

a)光纤光栅应变计

b)槽钢保护线缆

图4-30　应变计的安装和线缆保护

5)动端阻力与静端阻力相关性分析

通过查阅国内外文献,对于动端阻力的计算通常有两种形式。一种是闭口桩形式,利用土质参数先计算出静端阻力值,根据振动衰减情况乘以经验系数来估算动端阻力值。另一种是开口桩形式,日本建机株式会社根据打桩经验提出了经验计算公式,公式中考虑了振动锤的偏心距等参数来计算动端阻力值,该计算公式适合于钢管桩沉桩过程的相关计算。由于挤密砂桩在沉管及挤密扩径过程中,利用套管内压力保持管内砂桩高度,保证管外土体不进入套管内,因而其成桩过程更接近于闭口桩形式。所以,对套管振动下沉过程采用闭口桩形式进行分析。

在套管振沉过程中,土压力随着振动锤的振动而波动变化,套管振沉过程典型土压力时程曲线见图4-31。

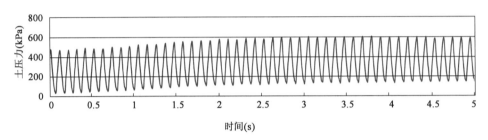

图4-31 套管振沉过程典型土压力时程曲线

静端阻力利用下式进行计算:

$$p = \alpha q_c \tag{4-3}$$

式中:q_c——桩端平面上、下探头阻力,取桩端平面以上$4d$(d 为桩的直径)范围内的加权平均值,然后再和桩端平面以下$1d$范围内的阻力进行平均;

$\quad\quad\alpha$——桩端阻力修正系数,黏性土 $\alpha = 0.667$,砂性土 $\alpha = 0.5$。

从静端阻力计算公式可以看出,其计算值考虑了桩端以下 1 倍桩径范围内以及桩端以上 4 倍桩径范围内的q_c,由于最深的沉管位置仅刚进入砂土层,在 5 倍桩径范围内的土性不一致,不便于计算分析。因而在计算分析时,选择在此 5 倍桩径范围内均为黏性土的情况。利用上述方法将不同入土深度下由土压力盒测试的动端阻力值与由 CPTU 计算的静端阻力测试值进行比较,结果见表4-5。

不同入土深度下静端阻力计算值与动端阻力实测值比较   表 4-5

深度(m)	土 层	静端阻力计算值(MPa)	动端阻力实测值(MPa)	动静端阻力比值
−27.0	黏土	0.57	0.53	0.93
−29.0	黏土	0.99	0.78	0.79
−32.0	黏土	0.81	0.59	0.73
−35.0	黏土	0.78	0.61	0.78

从表4-5可看出,根据本次试验的测试结果,动端阻力均小于静端阻力;桩端在黏性土中的动静端阻力比在0.73～0.93之间,说明在挤密砂桩成桩中端阻力在黏性土中的衰减较小。

6)动侧壁摩阻力与静侧壁摩阻力相关性分析

当土体受到振动荷载作用时,构成土的颗粒间的结合度暂时急剧降低。挤密砂桩在振动沉桩过程中,侧壁摩阻力因振动作用而大幅减小。动侧壁摩阻力的折减系数与振动加速度及振动频率密切相关。下面将利用测试数据建立运动平衡方程得出动侧壁摩阻力的折减系数。选2号截面以下的部分作为脱离体建立运动平衡方程。2号截面在脱离体中位置如图4-32所示。在沉管阶段,脱离体的平衡方程中需考虑重力、桩端阻力、侧壁摩阻力、管内压力、运动加速度等因素。由于打设过程中存在偏心作用,在同一截面处用桩管左右两侧的应力平均值作为该截面的应力值。

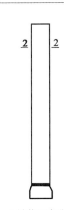

图4-32　2号截面在脱离体中位置

　　结合振动成桩过程的加速度-时程曲线,选择桩管在运动到底端的极限时刻进行分析。由波动方程可知,在此位置时,加速度最大。脱离体的运动平衡方程见式(4-2)。

　　截面处压力可根据轴力测试应力与桩管截面面积换算而得。由于在轴力的初始基准点选为刚入土时刻,此刻已包含了脱离体的重力,所以应将重力扣除。动侧壁摩阻力可由静侧壁摩阻力乘以折减系数得出。故式(4-2)可表示为:

$$F_c - \beta_s F_{sc} - F_r + F_a = ma \qquad (4-4)$$

式中: F_{sc} ——桩管入土部分静侧壁摩阻力;

　　β_s ——动侧壁摩阻力折减系数。

　　在桩管管底 -38.9m 左右时,2号截面1和3通道的应力及土压力计的应力时程曲线如图4-33 ~ 图4-35所示。

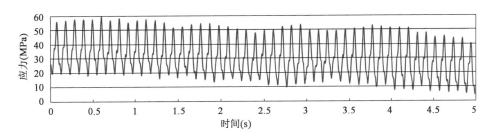

图4-33　2号截面1通道应力时程曲线

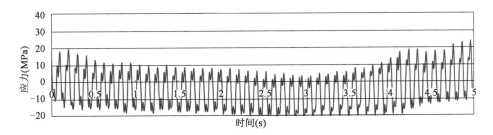

图4-34　2号截面3通道应力时程曲线

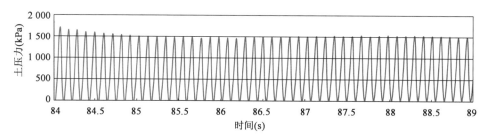

图 4-35　土压力计时程曲线

对土压力和桩身应力进行相位分析可知,土压力和桩身应力相位基本一致,即在桩管运动到每一循环最下面位置时,土压力最大、桩身应力最大。根据该分析结论,选取应力时程曲线中的应力波峰值和与其对应的土压力值进行分析,如表 4-6 所示。

沉桩过程应力　　　　　　　　　　　　　　　　表 4-6

传　感　器	沉至 -38.9m 时的应力(MPa)	压力值(kN)
2 号截面	31.902	1 715.6
桩端	1.514	1 189.2

注:2 号截面桩管直径 0.8m,桩管壁厚约为 22mm,桩管扩大头部分直径为 1.0m。

取 1 通道和 3 通道的平均值作为 2 号截面应力幅值,其值为 1 715.6kN,即 F_c 为 1 715.6kN,动端阻力 F_r 为 1 189.2kN,管内气压经计算为 100.5kN。

根据 CPTU 资料计算得出,沉桩至 -38.9m 时桩的静侧壁摩阻力 F_{sc} 为 2 026.7kN。在沉桩过程中,由于土性比较接近,为简便起见,认为动侧壁摩阻力换算系数为定值。

沉至 -38.9m 时,加速度的测试结果见图 4-36、图 4-37。图 4-36 中,桩顶的加速度最大值为 8.04m/s²,图 4-37 中,桩端的加速度最大值为 8.14m/s²,桩顶和桩端加速度最大值的平均值为 8.09m/s²,可以看出,桩顶和桩端的加速度一致,可以把桩管看作是刚体。

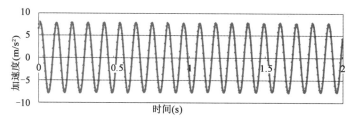

图 4-36　沉至 -38.9m 时桩顶加速度时程曲线

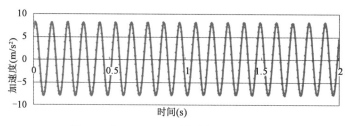

图 4-37　沉至 -38.9m 时桩端加速度时程曲线

脱离体的质量为 12.3t,在沉至 $-38.9\mathrm{m}$ 时,向上的加速度最大值为 $8.09\mathrm{m/s}^2$。

将以上的计算结果代入式(4-4)可得出动侧壁摩阻力折减系数 β_s 为 0.36。

7)挤密扩径过程分析

由挤密砂桩的成桩特点可知,挤密砂桩的形成是先将套管内的砂柱排出,然后通过回打过程使其挤密扩径,最终形成一段挤密砂桩。在这个挤密扩径的过程中,首先要将排出套管的砂柱压实,再将土体破坏,最后形成挤密砂桩。在土体破坏阶段,其破坏形式近似于散体材料桩的破坏形式。以此为出发点,结合散体材料桩的单桩承载力计算方法对挤密扩径过程进行分析计算。

在散体材料桩的单桩承载力计算方法中,应用比较广泛的是 Vesic 圆筒形扩张理论和 Brauns 计算理论。

Vesic(1972)将桩周土体的受力过程视为圆柱形扩张问题,在均匀分布的内压力 P_0 作用下,圆孔周围土体从弹性变形状态逐步进入塑性变形状态。随着内压力荷载的增大,塑性区不断发展达到极限状态。极限状态时,塑性区半径为 r,圆孔初始半径为 R_u,圆孔扩张后的半径为 R_p,圆孔扩张最终内压力为 P_u,此时,散体材料桩的极限承载力为:

$$P_p = P_u K_p \tag{4-5}$$

式中:P_p——单桩极限承载力;

P_u——圆孔扩张最终内压力;

K_p——桩体材料被动压力系数。

Brauns(1978)计算式是为计算碎石桩承载力提出的,其原理及计算式也适用于一般散体材料桩情况。Brauns 理论计算示意图如图 4-38 所示。

图 4-38 中各符号含义如下:P_p-单桩极限承载力;δ-土体滑动面与水平面夹角;δ_p-计算参数,$\delta_p = 45° + \varphi_p/2$,$\varphi_p$ 为散体材料桩状体材料的内摩擦角;p_s-桩周土表面荷载;D-埋深;γ-土体重度;H-计算深度;R-桩径;τ_m-桩周土与桩身间摩擦力;p_{r0}-水平向应力。

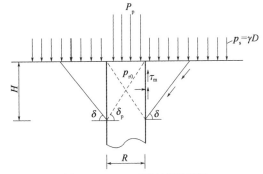

图 4-38 Brauns 理论计算示意图

在计算中,有如下假设:

(1)桩周土极限平衡区位于桩顶附近,滑动面成漏斗形,桩体鼓胀破坏段长度等于 $2r_0\tan\delta_p$,其中,r_0 为桩体半径,$\delta_p = 45° + \varphi_p/2$,$\varphi_p$ 为桩体材料的内摩擦角。

(2)桩周土与桩体间摩擦力 $\tau_m = 0$。极限平衡土体中,环向应力 $\delta_\theta = 0$。

(3)不计地基土和桩体的自重。

桩体的鼓胀变形使桩周土进入被动极限平衡状态,桩周土极限平衡区如图 4-38 所示。在 Brauns 假设的基础上,桩周土上的极限应力为:

$$\sigma_{ru} = \left(p_s + \frac{2c_u}{\sin 2\delta}\right)\frac{\tan\delta_p}{\tan\delta + 1} \tag{4-6}$$

式中:c_u——桩间土不排水抗剪强度;

$\quad\quad \delta$——滑动面与水平面夹角;

$\quad\quad p_s$——桩周土表面荷载;

$\quad\quad \delta_p$——$45° + \varphi_p/2$,其中 φ_p 为桩体材料内摩擦角。

由此得到桩体极限承载力为:

$$P_p = \sigma_{ru}\tan^2\delta_p = \left(p_s + \frac{2c_u}{\sin 2\delta}\right)\frac{\tan\delta_p}{\tan\delta + 1}\tan^2\delta_p \tag{4-7}$$

Vesic 圆筒形扩张理论建立的计算方法,假设土体为理想弹塑性体,服从莫尔-库仑屈服准则,由弹塑性理论给出无限土体内半径为的 R_u 圆筒孔,被均匀分布的内压力所扩张的一般解。其破坏形式为全筒深度的均匀扩张,使桩周土达到极限塑性环筒区。计算参数较难选取(如桩周土的剪切模量 G),且需迭代求塑性平均体积应变,计算较繁复,不便工程应用。而 Brauns 单桩极限承载力理论的计算相对更为实用。

为避免下方桩周土为砂层对承载力计算的影响,选取上部两段挤密扩径循环进行计算。通过计算得出挤密砂桩的极限承载力 P_p 计算值,并与挤密循环过程中测得的动端阻力值对比,见表 4-7。

桩端阻力与单桩极限承载力计算值对比

表 4-7

深度 (m)	桩周土土性	扩径后的直径 (m)	动端阻力实测值 (MPa)	单桩极限承载力 计算值 P_p(MPa)	比　值
−30.86 ~ −29.86	黏土	1.21	1.647	2.562	0.64
−28.86 ~ −28.00	黏土	1.22	1.666	2.45	0.68

从表 4-7 中可以看出,二者的比值在 0.64 ~ 0.68 之间,说明在成桩过程中桩体顶面的动力响应值低于单桩承载力的静力计算值,但在挤密砂桩回打扩径的过程中,桩周土体随着桩体的形成,土体被挤出,其土质参数也不断改变,此种计算模式还需根据不同的土质条件积累更多的经验。

随着挤密砂桩复合地基置换率的提高,桩间土所占的比例逐渐变小,桩周土体不断地被挤出、破坏,特别是对于高置换率的挤密砂桩复合地基,其桩周土体的物理力学参数已完全不同于原状土,从而造成了上述计算方法中计算参数难以取值。因而,下面将结合打桩过程桩端动土压力、施工过程 GL 记录曲线对其进行分析。以第一次挤密循环为例,桩端土压力时程曲线如图 4-39 所示。

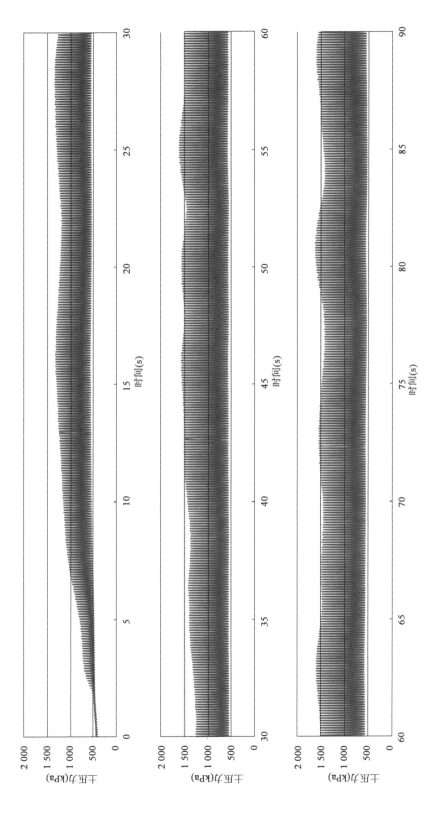

图 4-39　第一次挤密(-39.57～-38.14m)时全程土压力时程曲线

从图4-39可以看出,在挤密循环刚开始的20s左右,动端阻力几乎以直线形式迅速上升,在该阶段GL时程曲线斜率较大,说明每个挤密循环最初20s的沉管速率较大。对挤密过程最初20s的数据进行统计发现,最初20s的贯入速率均在1.5m/min左右,说明在挤密的最初始阶段,影响挤密速率的主要因素为砂柱本身的颗粒密实度。在每个挤密循环的20s以后,桩端动端阻力的峰值保持在一个相对稳定的值,在该阶段的GL时程曲线的斜率较小,贯入速率较小,产生此现象的主要原因是在刚开始的时候,砂柱本身较松散且砂柱周围土体对砂柱的侧向约束较弱,在振动力作用下,砂柱较容易被挤压出去形成直径更大的砂柱,随着挤密的进行,砂柱周围的土体对砂柱的侧向约束越来越强,且砂柱本身的密实度变大,故沉管速率迅速下降。将挤密循环过程中的压密后的动端阻力测试值与沉管速率进行统计对比,见表4-8。

动端阻力测试值与沉管速率对比 表4-8

深度 (m)	桩周土土性	动端阻力实测值 (MPa)	扩径后的直径 (m)	沉管速率 (m/min)
−37.14 ~ −36.57	砂土	1.579	1.10	0.14
−34.71 ~ −34.00	黏土	1.262	1.11	0.10
−32.71 ~ −31.86	黏土	2.205	1.16	0.09
−30.86 ~ −29.86	黏土	1.647	1.21	0.17
−28.86 ~ −28.00	黏土	1.666	1.22	0.08

从表4-8可以看出,随着深度的不断提升,在浅部土层扩径较为容易,形成的挤密砂桩直径相对较大。在每个挤密循环的后期,动端阻力稳定后沉管速率相应变小,均小于0.2m/min,说明随着时间的推移实际贯入的量很小,在这种情况下,如果一味地延长振动时间并无太大的实际意义,反而会增加施工成本和机械损耗,故在施工过程中,在接近挤密极限时采用合适的措施控制沉管速率是相当必要的。

通过开展现场试验,结合国内外相关计算方法,我们得出了在黏性土中的动静端阻力比值及动侧壁摩阻力折减系数,可为挤密砂桩成桩过程可打性分析提供参考依据。利用桩端动压力、施工过程GL数据对挤密扩径进行分析,为挤密扩径时的停锤标准提供技术支撑。在实际施工时,对挤密砂桩着底判断以及在硬夹层中停止挤密扩径的判断采用了以下标准:

着底判断:①桩底高程不高于设计底高程;②SCP套管的贯入速率持续10s不大于1.0m/min,且管底高程与设计底高程差值≤3.0m时,可停止桩管贯入并以此作为桩底高程。

停止挤密扩径:不能达到设计桩径时,连续1min回打扩径的下沉速率小于0.2m/min时可停止扩径。

上述试验除了验证挤密砂桩的成桩条件外,还对大深度挤密砂桩施工得出了一些有趣的数据。日本一些研究认为,在大深度挤密砂桩打设过程中,随着套管长度和壁厚的增加,其质量也随之增大,套管上端振动锤产生的振动能量被套管自身及周围土体消耗,必定会造成套管底部排砂和挤密扩径所需的能量不足。为了弥补这一缺陷,日本企业开发了水平振动器,设置于套管下端,与振动锤联合作用,以实现大深度挤密砂桩的高效施工,被称作 SSP 法。而在本次现场试验中,通过桩套管上设置的一系列加速度传感器的测试,表明套管顶部和端部的加速度几乎一致,振动锤产生的振动能量并未出现明显衰减。说明只要振动锤的能量足够大,施打大深度挤密砂桩不存在大的问题。需要说明的是,为了提高振动能量,为第二代国产挤密砂桩施工船专门开发的国产 500kW 振动锤是目前国内外挤密砂桩施工船中最大的,振动锤采用了油温冷却系统以适应地基加固连续作业的需求,这是取得成功的重要因素。

4.4　本章小结

为了解决港珠澳大桥工程在外海施工环境和复杂地质条件下的挤密砂桩施工难题,在已有技术的基础上研制了国产第二代挤密砂桩施工船,开发了全套施工控制系统。小结如下:

(1)与早期的挤密砂桩施工船相比,第二代挤密砂桩施工船桩架高度增加到86m,从而使地基加固深度达到水面下66m,采用具备油温冷却系统的国产 500kW 的电动振动锤,以及双导门系统,施工作业能力有了大幅提升。

(2)对砂面仪的测量技术和信号传输方式做了重要改进,引入雷达式砂面仪无线传输系统,非接触式雷达能够在恶劣桩套管环境下使用,同时测量精度达到1cm,满足砂桩施工的砂面测量要求;改进后的无线传输系统则将 SL 信号自测试位置直接发送至控制室,减少了原来自 SL 测量位置至控制室长达两百多米的导线的使用,且减少了由于振动锤系统引起的导线损坏造成的停工和更换,不仅提升了工作效率,且降低了施工成本,效果良好。

(3)研制的全自动操作系统分为管理操作和打设两部分,砂桩设备参数和施工参数的有关信息直接内嵌于软件,使施工人员和管理人员任务明确,参数设置简单,管理方便。具有全自动化和手动两种打桩模式,在施工中实时监控 SL、GL、吨位计等关键参数,在保证砂桩成桩质量的同时降低了施工人员操作强度。

(4)通过在不同深度处设置不同桩径,可以实现在同一根桩中设置不同砂桩直径,以适应不同地质条件下的灵活设计。

(5)在对挤密砂桩成桩理论分析的基础上,通过现场试验得出了在黏性土中的动静端阻力比值及动侧壁摩阻力折减系数,为今后挤密砂桩成桩过程的可打性计算提供参考依据。利用桩端动压力、施工过程 GL 数据对挤密扩径进行分析,为挤密扩径时的停锤标准提供了技术支撑。

第5章 水下声环境保护

5.1 沉桩水下噪声对海洋生物的影响

已有数据显示[25]，陆上挤密砂桩沉桩施工能够引发较强的空气噪声，例如，距离桩套管20m处的噪声声压级往往高达85～95dB，声压级随着观测距离增加近似呈现衰减规律。由于环境保护的需要，挤密砂桩沉桩引发的辐射噪声也是施工方需要关注的问题之一。以往的噪声数据多关注于陆上沉桩引发的空气噪声，有关海洋环境下的挤密砂桩沉桩引发的水下噪声数据却非常有限。

港珠澳桥隧工程的挤密砂桩的沉桩施工区域位于国家一级保护动物中华白海豚的活动和繁衍区。为保护中华白海豚等国家珍稀动物，施工过程中需要防止沉桩噪声和对中华白海豚造成伤害。我国的《中华人民共和国野生动物保护法》、香港地区的《野生动物保护条例》《防止残酷对待动物条例》等法律法规均包含海洋动物的保护条款。施工引起的水下噪声可能会对周围海域的动物造成不良影响，引起相关环境署等政府部门及民间组织的重视，要求施工方确保不能伤害中华白海豚。

已有研究发现[26-28]，人为活动引发的海洋水下噪声可能影响海洋哺乳动物与同类之间交流的能力，过大的水下噪声会引起海洋哺乳动物的听力损失、受伤、搁浅，甚至死亡。在海洋建设活动引发的各类噪声中，海洋沉桩噪声通常被视为最严重的声源之一[29-30]。挤密砂桩套管为钢制圆柱壳结构，桩套管顶部采用电驱振动锤驱动，振动激励会激发套管圆柱壳壁的轴向振动及径向振动，其中径向振动会向海水及海泥中辐射宽频水下噪声。

港珠澳桥隧工程的施工噪声包括沉桩噪声、基槽开挖和抛石回填噪声、作业船舶和其他工程机械噪声等。本章针对水下挤密砂桩施工过程产生的水下噪声进行理论分析和现场测试，基于这些分析和测试，制定有针对性的动物保护措施是保证工程建设顺利开展的前提。

为了保护挤密砂桩施工海域的中华白海豚免受噪声的影响和伤害，我们通过理论分析和试验测试获取了施工过程中水下噪声的频率特性和传播衰减特性，并基于这些结果，制定了一套翔实、有效的白海豚保护措施，设置了中华白海豚的安全活动警戒半径。这些工作确保了挤密砂桩施工的顺利开展，同时保护了施工海域的珍贵保护动物免受噪声影响和伤害。

5.2 声波的产生及描述方法

声音来源于物体的振动,能够产生声音的振动物体被称作声源。当声源振动时,就会引起周围媒质(如空气、水等)分子的振动。这些振动的分子又会使周围的媒质分子振动。声源产生的振动在周围媒质中就以声波的形式向外传播。需要注意的是,声波是通过相邻质点之间的动量传递来传播能量的,而不是通过物质迁移来传播能量的。根据传播媒质的不同,可以将声分成空气声、水声和结构(固体)声等类型。

当声源振动时,相邻的媒质分子受到交替的压缩和扩张,媒质时疏时密,依次向外传播。当某一部分媒质变密时,这部分媒质分子的压强变得比平衡状态下的压强(静态压强)P_0 大。当这一部分媒质变稀疏时,压强变得比平衡状态下的压强 P_0 小。声波在传播过程中会使得空间各处的压强产生起伏变化。通常用 p 来表示压强起伏变化的大小,即与静态压强的差值 $p = (P - P_0)$,称为声压,其单位为帕(斯卡)(Pa),$1\,\text{Pa} = 1\,\text{N/m}^3$。

如果声源的振动是按照一定时间重复进行的,即周期性的,那么就会在声源附近产生周期性的疏密变化。在同一时刻,从某个最稠密(或最稀疏)的位置到另一个最稠密(或最稀疏)的位置之间的距离称为声波的波长,记为 λ,单位为米(m)。振动重复一次的最短时间称为周期,记为 T,单位为秒(s)。周期的倒数,即单位时间内的振动次数,称为频率,记为 f,单位为赫兹(Hz),$1\,\text{Hz} = 1\,\text{s}^{-1}$。实际生活中的声音很少是单个频率的纯音,一般是多个频率组合而成的复合声。因此常常需要对声音进行频谱分析,以观察声音信号的频率组成。以频率为横轴,以声压为纵轴绘制的声压与频率的关系曲线称为频谱图。对于周期振动的声源,其产生的声源将是线状谱。沉桩引发的水下噪声是一个频率上限高达数千赫兹的宽频水下噪声。

若用声压 p 来描述声波,在均匀理想流体煤质中小振幅声波的波动方程是:

$$\frac{\partial^2 p}{\partial x^2} + \frac{\partial^2 p}{\partial y^2} + \frac{\partial^2 p}{\partial z^2} = \frac{\partial^2 p}{c^2}\frac{\partial^2 p}{\partial t^2} \tag{5-1}$$

或记为

$$\nabla^2 p = \frac{1}{c^2}\frac{\partial^2 p}{\partial t^2} \tag{5-2}$$

其中,p 是空间 (x,y,z) 和时间 t 的函数,∇ 为拉普拉斯算符,c 是声波传播的速度,t 是时间。$p(x,y,z,t)$ 描述了不同位置及不同时刻声压的变化规律。

根据声波传播时波阵面的形状不同,可以将声波分成平面声波、球面声波和柱面声波等类型。波阵面为同轴圆柱面的声波称为柱面波。考虑最简单的柱面波,声场与坐标的角度和轴向长度无关,只和径向半径相关,其声源可近似看成"线声源",于是其波动方程可写成如下

形式:

$$\frac{1}{r}\frac{\partial}{\partial r}\left(r\frac{\partial p}{\partial r}\right)=\frac{1}{c^2}\frac{\partial^2 p}{\partial t^2}\tag{5-3}$$

对于远场简谐柱面声波有:

$$p\cong P_0\sqrt{\frac{2}{\pi k}}\cos(rt-kr)\tag{5-4}$$

式中:k——声波的波数,$k=\dfrac{w}{c}$,其中 w 是圆频率,c 是声速。

由于 $\sqrt{\dfrac{2}{\pi kr}}$ 的存在,声压幅值随径向距离的增加而减小,与距离的平方根成反比。平面声波、球面声波及柱面声波都是理想的声传播类型。在具体应用时可以对实际条件进行合理的近似,以评估声压随距离的衰减快慢。

日常生活中会遇到强弱不同的声音。一方面,声音强弱的变化导致其幅值变化范围非常宽,直接使用声压数值来衡量声音强弱很不方便。另一方面,人耳对声音强弱的感觉并不正比于声压的绝对值,而更接近正比于其对数值。由于这两个原因,声学中通常使用声压级这一概念来衡量声音的强弱,即使用对数标度,其单位为分贝(dB ‖ B)。由于对数宗量是无量纲的,使用对数坐标时必须选定基准量(或称为参考量),然后对被量度量与基准量的比值求对数,这个对数值称为被量度量的"级",如果所取对数是以 10 为底,则级的单位为贝尔(B)。由于贝尔的单位过大,故常将 1 贝尔分为 10 档,每一档单位为分贝(dB)。声压级常用 L_p 表示,其定义为:

$$L_p=10\lg\frac{p^2}{p_0^2}=20\lg\frac{p}{p_0}\qquad(\text{dB})\tag{5-5}$$

式中:p——被度量的声压的有效值;

p_0——参考声压。

在空气中,常常规定 $p_0=20\mu\text{Pa}$,即为正常青年人耳朵刚能听到的 1 000Hz 纯音的声压值。人耳的感觉特性,从刚能听到的 $2\times10^{-5}\text{Pa}$ 到引起疼痛的 20Pa,两者相差 100 万倍。用声压级来表示这一变化范围为 0~120dB。一般人耳对声音强弱的分辨能力约为 0.5dB。在海水中,通常取参考声压为 $1\mu\text{Pa}$。

声波在传播的过程中会不断衰减,海洋环境中,这些衰减主要包括声能随距离的发散传播衰减,以及海水、海泥的吸收衰减。传播衰减的规律主要与声源及波阵面的几何特征有关,对于点声源,传播距离每增加一倍,声压级降低 6dB,而像桩管这样的线声源,传播距离增加一倍,则声压降低 3dB。由于桩管振动形式很复杂,不是典型的点声源或线声源,其传播衰减特性介于点源与线源之间,也就是传播距离增加一倍,声压级传播衰减量在 3~6dB 之间。吸收衰减与传播距离成正比,吸收衰减系数主要由海水、海泥的物理属性决定,通常需要借由试验测试数据来决定。

5.3　桩套管振沉辐射声的理论建模与计算

挤密砂桩施工采用的桩套管通常为圆柱形的薄壳结构,桩套管从上至下依次与空气、海水及海泥接触。在振动锤的激励下,桩套管壁产生轴向、径向以及周向的振动,其中径向振动会向海水及海泥中辐射声波。桩套管振沉声辐射所涉及的力学问题比前面提到的简单声源声辐射问题要复杂得多。对桩套管振动及辐射声进行理论计算,揭示声辐射机理,分析声压的传播和分布规律,能够为后续的试验方案的制订提供指导。下面我们就从理论上介绍桩套管振沉声辐射的相关机理及辐射声压的计算方法。

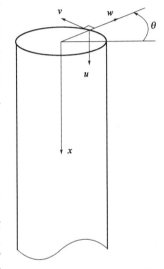

5.3.1　桩套管振动方程

桩套管壁振动是水下噪声产生的原因,其振动强弱决定了水下声压的大小。若圆柱壳结构的半径为 R,厚度为 h,密度为 ρ,弹性模量为 E,泊松比为 μ,以端部圆的几何中心为坐标原点建立如图 5-1 所示的坐标系。圆柱壳上的轴向、周向及径向位移 图 5-1　桩套管圆柱壳坐标示意图
分别用 u、v 及 w 来表示,根据 Flügge 壳体理论[31],圆柱壳桩套管在轴向、周向及径向三个方向的运动平衡方程则可以写成如下形式:

$$\frac{\partial^2 u}{\partial x^2}+\frac{(1+\mu)}{2R}\frac{\partial v^2}{\partial x\partial\theta}+\frac{(1-\mu)}{2R^2}(1+k)\frac{\partial^2 u}{\partial\theta^2}-\frac{\mu}{R}\frac{\partial w}{\partial\theta}+k\left[R\frac{\partial^3 w}{\partial x^3}-\frac{(1-\mu)}{2R}\frac{\partial^3 w}{\partial\theta^2\partial x}\right]-\frac{\rho h}{B}\frac{\partial^2 u}{\partial t^2}=f_u$$

$$(5\text{-}6)$$

$$\frac{1}{R^2}\left(\frac{\partial^2 v}{\partial\theta^2}-\frac{\partial w}{\partial\theta}\right)+\frac{(1+\mu)}{2R}\frac{\partial u^2}{\partial x\partial\theta}+\frac{1+\mu}{2}(1+3k)\frac{\partial^2 v}{\partial x^2}+\frac{k(3-\mu)}{2}\frac{\partial^3 w}{\partial x^2\partial\theta}-\frac{\rho h}{B}\frac{\partial^2 v}{\partial t^2}=f_v \quad (5\text{-}7)$$

$$\frac{v}{R}\frac{\partial u}{\partial x}+\frac{1}{R^2}\left(\frac{\partial v}{\partial\theta}-w\right)+k\left(\frac{1-\mu}{2R}\frac{\partial^3 u}{\partial x\partial\theta^2}-R\frac{\partial^3 u}{\partial x^3}-\frac{3-\mu}{2}\frac{\partial^3 v}{\partial\theta\partial x^2}-R^2\frac{\partial^4 w}{\partial x^4}-2\frac{\partial^4 w}{\partial\theta^2\partial x^2}-\frac{1}{R^2}\frac{\partial^4 w}{\partial\theta^4}-\frac{2}{R^2}\frac{\partial^2 w}{\partial\theta^2}-\frac{1}{R^2}w\right)-$$

$$\frac{\rho h}{B}\frac{\partial^2 w}{\partial t^2}=f_w \qquad (5\text{-}8)$$

其中,$B=Eh/(1-\mu^2)$,$k=h^2/12R^2$。f_u、f_v 及 f_w 分别为作用在壳体上的均布外荷载,对于

桩套管而言这些外荷载包括桩顶振动锤引起的激振力、海水及海泥作用在桩套管表面的声压等。若桩端部荷载均匀分布在桩顶圆上,则模型为轴对称的,周向位移为零,对应的轴向及径向的运动平衡方程退化为下式:

$$\frac{\partial^2 u}{\partial x^2} + kR\frac{\partial^3 w}{\partial x^3} - \frac{\rho h}{B}\frac{\partial^2 u}{\partial t^2} = f_u \tag{5-9}$$

$$\frac{\mu}{R}\frac{\partial u}{\partial x} - \frac{1}{R^2}w + k\left(-R\frac{\partial^3 u}{\partial x^3} - R^2\frac{\partial^4 w}{\partial x^4} - \frac{1}{R^2}w\right) - \frac{\rho h}{B}\frac{\partial^2 w}{\partial t^2} = f_w \tag{5-10}$$

上式中f_u为作用在桩套管顶部的激振力,其表达式如下:

$$f_u = q\delta(x-0)\exp(j\omega t) \tag{5-11}$$

式中:q——振动均布力的幅值。

式(5-10)中的f_w为作用在桩套管表面的声压,其表达式在 5.3.2 节讨论。通过求解微分方程组(5-10)可以获得壳体位移解,这就获得了沉桩辐射噪声的声源信息。

5.3.2 沉桩辐射声压的方程

桩套管的振动向海水及海泥中辐射声波,声波向外传播并逐渐衰减。在计算海洋声学中,若忽略海泥中剪切波的作用,那么可以将海水及海泥简化成两种具有不同声速和密度的声学介质,从而获得海水及海泥中声压的解析解。海水及海泥组成的声场如图 5-2 所示。双层声场中的声压可用一组解析的声压模态展开。系统坐标原点为桩顶圆的圆心,x_1、x_2分别为海水表面及海水-海泥界面的竖向坐标。海泥底部在 $x=x_3$ 位置处截断,截断边界视为刚性声学边界,即该界面上的竖向粒子速度为零。海水的密度及声传播速度分别为ρ_w及c_w,海泥的密度及声速分别为ρ_b及c_b。不妨设海水及海泥中声压分别为p_w和p_b,则它们应当满足圆柱坐标下的波动方程:

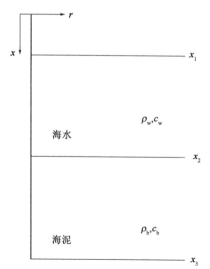

图 5-2 海水及海泥组成的声场

$$\nabla^2 p_w - \frac{1}{c_w^2}\frac{\partial^2 p_w}{\partial t^2} = 0 \qquad (x_1 < x < x_2) \tag{5-12}$$

$$\nabla^2 p_b - \frac{1}{c_b^2}\frac{\partial^2 p_b}{\partial t^2} = 0 \qquad (x_2 < x < x_3) \tag{5-13}$$

将式(5-12)和式(5-13)变换至频率域后,基于变量分离法及声场边界条件可将海水及海泥中的声压展开成一系列声压模态的叠加,模态的表达式如下:

$$\widetilde{p}_{\text{w}} = \psi_{\text{wp}}(x) H_0^{(2)}(k_{\text{rp}}r) = \left[A_1 \text{e}^{-\alpha_{\text{w}}(x-x_1)} + A_2 \text{e}^{\alpha_{\text{w}}(x-x_2)} \right] \cdot H_0^{(2)}(k_{\text{rp}}r) \tag{5-14}$$

$$\widetilde{p}_{\text{b}} = \psi_{\text{bp}}(x) H_0^{(2)}(k_{\text{rp}}r) = \left[A_3 \text{e}^{-\alpha_{\text{b}}(x-x_2)} + A_4 \text{e}^{\alpha_{\text{b}}(x-x_3)} \right] \cdot H_0^{(2)}(k_{\text{rp}}r) \tag{5-15}$$

式中：$\psi_{\text{wp}}(x)$、$\psi_{\text{bp}}(x)$ ——海水及海泥中与深度 x 有关的声压模态函数；

    A_1、A_2、A_3、A_4 ——由声场边界条件及振动声源决定的待定系数；

    α_{w}、α_{b} ——仅由海水表面、海水海泥界面及海泥底部的边界条件决定的待定系数；

    k_{rp} ——径向波数；

    $H_0^{(2)}(*)$ ——零阶第二类汉克尔函数。

式中各项的详细释义及变量依存关系可参见文献[35]。

由上述模态叠加而形成的声压解满足下列边界条件：海水表面声压为零；海水-海泥界面声压连续；海水-海泥界面粒子法向速度连续；海泥底部边界粒子法向速度连续；声固耦合接触界面粒子法向速度连续。最后一个条件表明，声场的声压由声固耦合界面上的振动速度决定。

5.3.3　水下声振耦合问题的求解

通过振动方程及声压方程的理论推导，我们发现桩套管振动是声波产生的原因，而作用在桩套管壁表面的声压又会对管壁的振动产生影响。因此，桩套管振动与辐射声压之间存在一种耦合关系。求解这样一种耦合问题，常用的方法有有限单元法、解析法和半解析法等。有限单元法在计算高频问题时，大量增加的单元数目会导致计算效率低下。解析法或半解析法避免了这一问题，但通常需要对声场进行一定的简化假设，例如，图5-2所示模型就假设海泥底部为声刚性边界。

这里我们采用一种半解析法[32]对某一桩套管的辐射声场进行计算，观察不同频率下声压在声场中的分布情况。模型桩长32m，海水深度 $x_2 - x_1 = 12.5$m，海泥截断深度 $x_3 - x_2 = 57$m。海水及海泥的密度分别为 1 000kg/m³ 和 1 850kg/m³，声速分别为 1 485m/s 和 1 625m/s。在桩顶作用频率分布为200Hz，800Hz，1 400Hz 及 2 000Hz的单位荷载（幅值为1N），计算距离桩套管80m以内的声场内的声压级，结果如图5-3 ~ 图5-6所示。

图5-3 ~ 图5-6反映了对应频率下声压在海水上表面、海水-海泥界面附近的传播情况。由图可见，海水中的声压分布存在很强的深度依赖性，距离海水表面处的声压远小于较深位置处。声压在海水-海泥界面上同时发生反射和折射现象。比较各图不难发现，随着频率的增加，折射现象逐渐变弱。如图5-5所示，频率增加到 1 400Hz 时，海水-海泥界面出现一条明显的分界面。海水中的声压传至该界面后大部分被反射，只有较小比例被折射入海泥内。计算发现，随着频率的增加，该深度位置出现的声压分界面变得越发清晰。

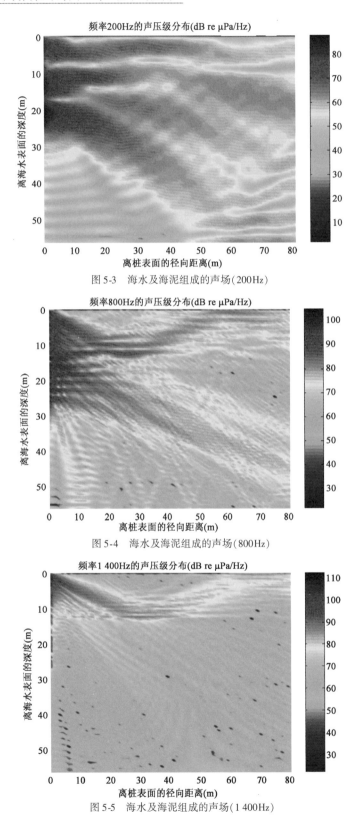

图 5-3　海水及海泥组成的声场（200Hz）

图 5-4　海水及海泥组成的声场（800Hz）

图 5-5　海水及海泥组成的声场（1 400Hz）

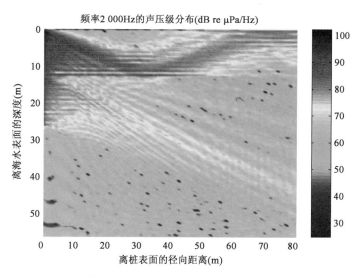

图 5-6　海水及海泥组成的声场(2 000Hz)

理论分析能够对桩套管振沉水下辐射声进行预测,揭示声波在海水中的传播特征、分布及衰减规律等,这些工作为挤密砂桩噪声试验方案的制订提供了重要参考。

5.4　航道环境噪声测试

有资料表明,中华白海豚的声呐频率范围为 20 ~ 35kHz。但是,水下噪声的频率、声压级等指标与对中华白海豚的影响程度之间的关系尚不明确。白海豚对噪声的具体敏感程度,白海豚对环境噪声的耐受情况,尚缺乏深入研究。目前也没有可以被普遍认可的安全噪声阈值。目前能够确定的是伶仃洋人工岛附近海域的声环境是适合中华白海豚生活的。人工岛选址与香港西侧航线相邻,该区域的环境噪声主要是航道上航行的各种船舶的航行噪声。测量船舶航行噪声的特性,以及与船舶的距离、吨位、航速和通过频次与噪声之间的关系,就能从另一个角度判断对中华白海豚无害的声环境。为此,我们对航道上的船舶航行噪声进行了测试和分析。

试验测试的海域坐标在北纬 22°17′,东经 113°48′附近,晴天,气温 32℃,微风,无固定风向,测点水深 15m,两个水听器布置在水下 6m 和 10m。声信号采样频率 102 400Hz,采样时长 20s,分析起始频率 100Hz,分析截止频率 40 000Hz。测试设备连接示意图如图 5-7 所示。

试验分别测试了无船舶通过时和有船舶通过时的航道水下噪声,测量船在测点附近抛锚,舷侧布放水听器阵列。测试前记录海况与气象参数,如天气、温度、水深、风向与风力、海浪等。测试时,关闭船上可能发出噪声的设备,主机和发电机组停机。开启便携式发电机,电压稳定后向试验设备供电。表 5-1 列出了各组测试的船舶通行情况。

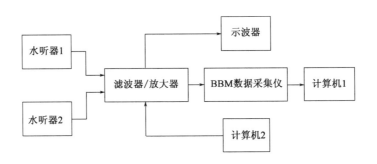

图 5-7 试验仪器连接示意图

测 量 船 只 统 计 表 5-1

序　号	船只类型	数　量	排水量(t)	航速(节)	最近距离(m)
1	无	0			1 000 以上
2	无	0			5 000 以上
3	高速快艇	1	100	30	600
4	高速快艇	1	100	30	1 000
5	油轮	1	5 000	15	120
6	杂货船	1	5 000	15	200
7	油轮	1	5 000	15	600
8	油轮	1	10 000	12	150
9	货船	1	10 000	12	200
10	杂货船	1	10 000	15	500
11	集装箱船	1	30 000	16	400

　　测试发现,当5 000m内没有船只经过时,水下环境噪声峰值声压级为80 ~ 85dB。当有船舶经过时,距离越远,水下噪声越小。当大船(5 000t 以上的油轮和杂货轮)经过时,噪声能量主要集中在0 ~ 1 000Hz 内的低频段。当特大船(10 000t 以上的油轮和货船)经过时,在距离较近的150m 和200m 处,水下噪声能达到90dB 以上。小型船只经过时,噪声能量主要集中在1 000 ~ 10 000Hz 的频段内。在1 600Hz 以上频段,不同吨位的船只对环境噪声的影响相当。图5-8 与图5-9 分别给出了几种典型船只通过时水下两个水听器测试得到的噪声1/3 倍频程曲线。该测试获取了白海豚生活海域的环境噪声数据。

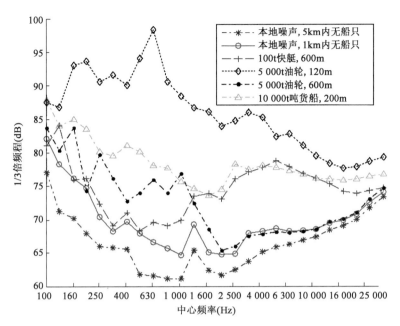

图 5-8 不同船只经过时水下 6m 处噪声 1/3 倍频程(参考声压 1μPa)

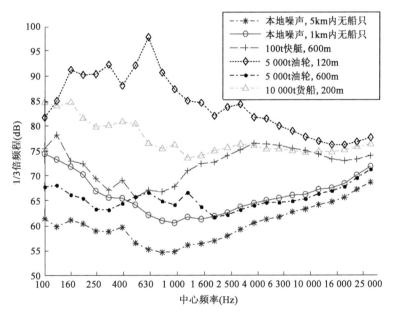

图 5-9 不同船只经过时水下 10m 处噪声 1/3 倍频程(参考声压 1μPa)

5.5 施工噪声测试

通过试验手段获取挤密砂桩施工噪声的频率特性和传播衰减特性,分析施工噪声对中华白海豚的影响半径,是防止噪声伤害中华白海豚的关键,也可为挤密砂桩施工噪声的治理以及设置中华白海豚活动警戒半径提供依据。为此,我们对挤密砂桩施工中的水下辐射噪声进行了测试。

在本次试验中,根据现场的施工条件,由近到远测量了砂桩机工作时的水下噪声和砂桩机不工作时的水下环境噪声,并进行比较,直到砂桩施工的水下噪声和环境噪声相差无几,即施工噪声被海洋环境噪声淹没,则不再进行该距离以远测点的测量。挤密砂桩施工船的标准作业状态是三台砂桩机同时工作,因此,水下噪声测量也应该在三台砂桩机同时工作的情况下进行。但是由于受砂桩机施工条件的限制,有些测点测试时并不是三台打桩机同时工作,测试工况有一、二、三台打桩机工作的情形,分析中把非标准工况统一到三台打桩机同时打桩的标准工况。在此基础上,分析砂桩船的施工噪声随距离的传播衰减特性,为以后的中华白海豚安全距离计算提供依据。

首先从距离桩套管最近的测点位置开始测量,将测量船在测点附近抛锚,测量水深,布放水听器阵列,使所有水听器达到预定测点位置。关闭船上可能发出噪声的设备,主机和发电机组停机。开启蓄电池,电压稳定后经 UPS 给试验设备供电。通知施工控制中心停止沉桩作业,测量各深度测点的水下环境噪声。然后开始沉桩作业,记录所有通道水下声级信号的时间历程。测试完成后,回收水听器阵列,将船开往下一个测点,重复上述过程完成不同距离处的噪声测试。各个测点距离桩套管的距离依次为 51m,78m,138m,330m,530m,737m,1 100m。

图 5-10 给出了距离桩套管 51m 处水下 4m 和 8m 位置测得的声压级的 1/3 倍频程曲线。由图可见,桩套管振沉噪声的能量主要分布在 500Hz 以内的低频段。在 125Hz 以内的低频段,桩套管振沉噪声远超过环境噪声。

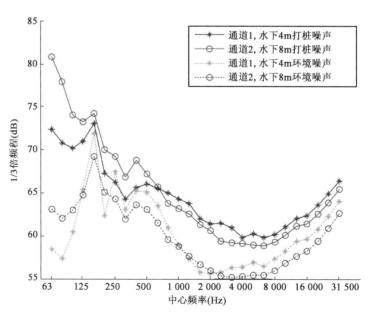

图 5-10　距离为 51m 处声压的 1/3 倍频程数据(参考声压 1μPa)

从试验测得的时域声压曲线上读出稳态声压级近似值,数据如表 5-2 所示。图 5-11 给出了桩套管振沉噪声声压级及背景噪声声压级随距离的变化曲线,分别由图中曲线 2 和曲线 3 给出。图中曲线 1 是基于理想线声源[式(5-4)]假设而得到的声压级随距离的变化曲线。绘制该曲线时,还需要考虑海水对噪声的吸收,这里参考测试数据得到吸声系数为 $e = 0.096$dB/(10m)。基于该理论曲线,我们可以近似估计各个测点之间其他位置的声压级。

实验测得的声压级　　　　表 5-2

实测距离 r(m)	51	78	138	330	530	737	937	1 100
沉桩噪声(dB)	88	83	83	77	74	74.5	69	66
背景噪声(dB)	77	70	69	63.5	65	71	68.5	64

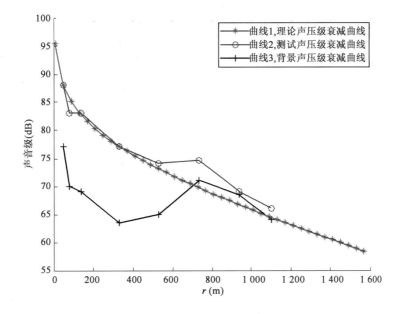

图 5-11　桩套管振沉噪声声压级随距离的变化(参考声压 1μPa)

对比桩套管振沉噪声与背景噪声发现,桩套管振沉噪声在 750m 以外的距离范围内,基本被背景噪声淹没。由此可以确定,桩套管振沉稳定时辐射的噪声只影响半径 $r = 1 000$m 以内的海域。

5.6　桩套管振沉水下噪声对白海豚影响规律分析

(1)从图 5-11 知,海洋环境噪声声压级在 65 ~ 75dB 之间。因此,我们认为,如果打桩噪声在某距离的声压级小于 75dB,就会被淹没在海洋环境噪声之中,当然也不会对白海豚造成影响。在距离砂桩 500m 以外水域,砂桩机作业噪声接近海洋环境噪声 75dB,不会对白海豚构成不良影响。

（2）为了获得合理的驱赶半径，我们将预测的砂桩噪声与5 000吨级的货船噪声进行比较。货船声源近似球形声源，但海水深度远小于噪声观测点与船舶之间的距离，因此船舶辐射声随距离衰减的规律，近处为距离声源距离增加一倍，声压级近似降5～6dB，远处距离声源距离增加一倍，声压级近似降4dB（球形声源距离增加一倍声压级降6dB，线声源距离增加一倍声压级降3dB）。测试数据显示，距离5 000吨级货轮200m处声压级为75dB，考虑吸声系数$e = 0.096\text{dB}/10\text{m}$后，依次推算其他距离的声压级大小，并与砂桩噪声进行比较。

（3）由于白海豚经常在航道附近游弋、繁衍，可以认为，白海豚可以接受100m以远船舶的航行噪声，从表5-3知该声压级约为80dB，因此，只要白海豚在砂桩机以外220m处，白海豚可以感知打桩噪声，但不会被噪声伤害。但是实际施工时，时不时会有船只靠近砂桩船（如运沙船、货运船等），会增加附近噪声。因此可以考虑将此距离适当增大，以增加安全系数。于是我们建议安全的驱赶半径$R = 400\text{m}$，示意图如图5-12所示。

船声源与砂桩声源比较 表5-3

声压级（dB）	75	80	84.4	89.9
离船距离（m）	200	100	50	25
离砂桩距离（m）	500	220	100	40

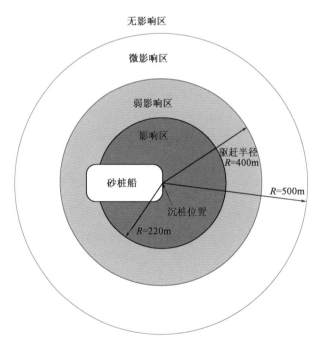

图5-12　白海豚驱赶半径示意图

（4）砂桩船不打桩，但开动打桩机以外的其他设备，砂桩船附近的水下噪声约为80dB，并随距离衰减，影响半径为300m。300m以外水域，砂桩船的除打桩机以外的设备噪声被淹没在海洋环境噪声中。

（5）船舶噪声与施工噪声的最大区别是：船舶与白海豚之间的距离是由远而近的，白海豚可以在感知到船舶噪声，并逐渐增强到令其感觉不舒服时，离开船舶的航道，游向安静的海域。但砂桩机是由静止突然启动的，砂桩机附近海域的噪声可能突然由环境噪声增加到80dB以上，如果距离砂桩机400m内有白海豚，就可能在逃离高噪声海域之前或过程中就受到噪声伤害。

（6）现场测声试验要求在平潮期进行。我们测得的海洋环境噪声是低海况下的海洋噪声，实际上海洋环境噪声随海况变化而变化。高海况下海洋环境噪声约90dB，明显大于低海况下的海洋环境噪声。白海豚在伶仃洋海域活动，说明白海豚能接受该海域的高海况环境噪声。因此，我们基于低海况环境噪声测试结果获得研究结论，以及据此提出的监测措施对于白海豚是偏于安全的。

5.7　水下噪声管理

基于上述理论建模、数值计算和实测分析，我们提出了对应的噪声管理措施，以保护施工海域的中华白海豚。具体措施如下：

（1）打桩前注意观察距离砂桩400m以内是否有白海豚活动，如果发现有白海豚活动，可设法驱赶至400m以远，然后开始打桩。

（2）打桩前，先开动船舶其他设备，产生对白海豚示警的噪声。如果可能的话，砂桩机可以逐台启动，振动速度也逐渐加大，以给可能在附近活动的白海豚逃逸的时间。

（3）正常打桩以后，白海豚会逃离砂桩船附近海域，不必采取特殊驱赶、观察措施。实际上，只要在距离砂桩船400m以外，挤密砂桩施工噪声就不会伤害白海豚。

施工实践证明，这些噪声监测措施有效地保护了伶仃洋海域的中华白海豚免受施工噪声的影响和伤害，这些工作确保了挤密砂桩施工的顺利开展。

5.8　本章小结

在某些水域进行水下挤密砂桩施工时，需要评估挤密砂桩施工产生的水下噪声对环境的潜在影响。本章研究了水下挤密砂桩噪声的产生机理及建模方法，结合理论计算及试验测试分析，详细研究了管桩辐射的水下噪声，揭示了沉桩噪声在海水中的传播特征、分布及衰减规律等，掌握了沉桩水下噪声的幅值、频率分布等。通过对沉桩噪声与航道背景噪声、船舶通过噪声的对比分析，确定了施工噪声对中华白海豚的有效影响半径，制订了一套保护中华白海豚的噪声管理措施。这些工作确保了挤密砂桩施工的顺利开展，同时保护了施工海域的珍稀保护动物免受噪声影响和伤害。

第6章 水下挤密砂桩质量检测与加固效果分析

6.1 质 量 检 测

水下挤密砂桩一般采用标准贯入试验进行桩体密实度的质量检测。有时根据工程需要对桩间土以及复合地基承载力进行测试,前者可采用十字板剪切、静力触探、标准贯入试验等原位测试方法,也可采用室内土工试验方法,后者宜采用载荷试验。水下载荷板试验虽然可以得出桩体或复合地基的承载力,但由于其成本过高,且对水深、风浪水流等试验条件有相应要求,实施难度也较大,不能像陆上载荷板试验被广泛使用。其他质量检测方法还有动力触探、水下静力触探等。动力触探的检测原理与标准贯入试验类似,但标准贯入试验应用较多,其经验也较为丰富,但在密实度较大,标贯难以进行时,就需要采用重型动力触探进行质量检测。在挤密砂桩密实度较大、桩长较长时,会造成水下静力触探提供的反力不足,难以进行质量检测,另外其设备也较为昂贵,国内应用尚少。因而目前标准贯入试验是水下挤密砂桩的主要检测手段。

在港珠澳大桥工程中通过标准贯入的试验方法对挤密砂桩桩体质量进行了检测,检测成果显示成桩质量均符合设计要求。本章给出标贯试验的结果,对挤密砂桩的加固效果进行分析,对标贯击数和挤密砂桩桩体强度之间的关系进行探讨,并通过水下载荷试验论证标贯检测方法的可行性。

6.1.1 标贯试验方法

对挤密砂桩加固效果检测采用水下标准贯入试验(图6-1),由于水上检测难以直接观察到桩体顶面,标贯试验一般在砂桩船上进行,并借助于卫星定位系统进行定位。具体步骤如下:

(1)在砂桩船船艏部位搭设检测作业平台,放置钻机,根据被抽检的实际位置,采用卫星定位系统进行定位,定位完成后下钢套管至砂桩顶面。

图6-1 现场标贯试验

（2）检测时，为防止扰动孔底土，先钻孔至试验土层高程以上 15cm 处，清除孔底的虚土和残土，为防止钻孔中发生流砂或塌孔，现场采用陶土泥浆进行护壁。

（3）标贯试验采用自动落锤装置，锤重（63.5±0.5）kg，落距（76±2）cm，贯入前检查探杆与贯入器的接头是否已连接稳妥，然后将贯入器和探杆放入孔内，确保导向杆、探杆和贯入器的轴线在同一铅垂线上，以保证穿心锤的垂直施打。

（4）贯入试验时，贯入速率为 15～30 击/min，并记录锤击数（先打入的 15cm 的预打不计击数，后 30cm 中每 10cm 的击数以及 30cm 的累计击数），后 30cm 的总击数 N 即为贯入击数。

如为密实土层，$N > 50$ 时，记录下 50 击时的贯入深度即可，不必强行打入。其贯入击数按下式计算：

$$N = \frac{1\,500}{\Delta_s} \tag{6-1}$$

式中：Δ_s——相应于 50 击时的贯入量（cm）。

（5）转动探杆，提出贯入器并取出贯入器中的砂样进行鉴别、描述、记录，必要时送实验室进行颗粒分析。

（6）沿桩体每隔 1m 深度做一次标贯，并保持孔内水位始终高于孔外。

由于锤击能量与杆长、杆径、重锤落距、孔径等因素有关，重锤传至贯入器的能量会折减，对标贯击数会产生影响，施工设备与工艺的不同对标贯试验结果也会产生一定的影响。

6.1.2　质量检测结果

对第二代国产砂桩船施工区域收集了标贯试验结果，主要是东人工岛 C 区和 A 区。其中 C 区挤密砂桩置换率为 25.6%，包括 C1-2 区、C3 区、C7 区、C10 区、C12 区、C13-2 区、C14 区、C16-1 区、C16-2 区；A 区挤密砂桩置换率为 55%，包括 A6-7 区、A7 区、A8-3 区、A8-5 区、A8-7 区、A8-12 区、A8-13 区和 A8-15 区。试验区平面布置如图 6-2 所示。

东人工岛位于中部伶仃洋水域与东部低山丘陵区之间，海底泥面高程一般为 -10.10～-9.50m，水下地形较平坦，地貌形态较为简单（岸壁结构挤密砂桩施工前开挖至 -18.0m），由于 C、A 区地层存在差异，故对 C、A 区地层进行分述。

1）C 区地质条件

C 区挤密砂桩处理地层为第一、二、三层。岩土体特征按由上至下顺序依次描述如下：

（1）第一大层

①1 淤泥（Q_4^m）：褐灰色、灰色，流塑状，高塑性，局部含少量粉细砂粒及贝壳碎屑。勘察区表层均有分布，平均标贯击数 $\overline{N} < 1.0$ 击。

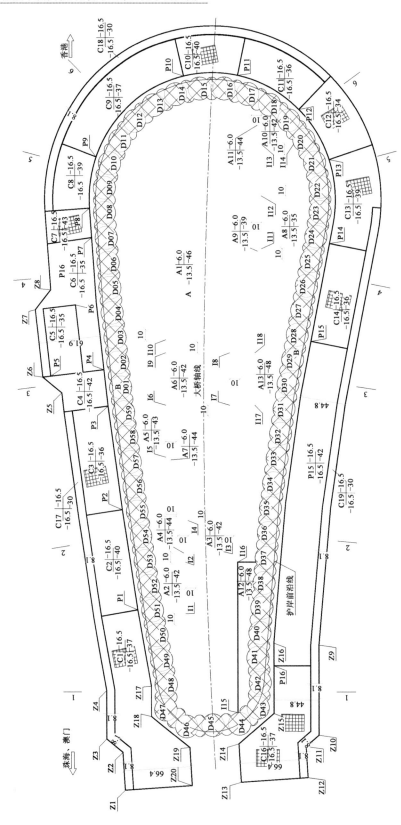

图 6-2　C区测试点平面布置图(阴影部分为测试区域)

132

①2 淤泥(Q_4^m):灰色、褐灰色,流塑状,高塑性,含少量贝壳碎屑,局部夹少量粉细砂薄层,偶见腐木屑。分布连续,平均标贯击数 $\bar{N} < 1.0$ 击。

①3 淤泥质黏土(Q_4^{al}):灰色、褐灰色,流塑~软塑状,高塑性,含少量贝壳碎屑,局部夹淤泥质粉质黏土。分布不连续,平均标贯击数 $\bar{N} < 1.0$ 击。

第一大层的层底高程为 $-33.60 \sim -18.10$m。

(2)第二大层

②1 黏土(Q_3^{al+pl}):灰黄色,灰白色夹黄色斑,可塑~硬塑状,局部软塑状,高塑性,夹少量砂斑和铁锰质结核,土质不均匀。呈断续分布,平均标贯击数 $\bar{N} = 8.7$ 击。

第二大层的层底高程为 $-34.10 \sim -20.30$m。

(3)第三大层

③1 淤泥质黏土(Q_3^{m+al}):灰色,软塑状,高塑性,土质不均,夹微薄层粉细砂~中砂,局部与粉砂呈互层状。含少量贝壳碎屑,偶见腐木屑。分布不连续,平均标贯击数 $\bar{N} = 4.0$ 击。

③1-1 黏土(Q_3^{m+al}):灰色,软塑~可塑状,高塑性,含少量贝壳碎屑,局部夹粉细砂。该层大多钻孔均有揭示,平均标贯击数 $\bar{N} = 6.7$ 击。

③2 粉质黏土夹砂(Q_3^{m+al}):灰色、浅灰色,可塑状为主,局部软塑或硬塑状,夹较多粉细砂、中砂薄层,局部呈粉质黏土混砂状,含少量贝壳碎屑,偶见腐木屑,土质不均匀。分布不连续,平均标贯击数 $\bar{N} = 6.8$ 击。

③3 粉质黏土(Q_3^{m+al}):浅灰色、青灰色、黄灰色,可塑~硬塑状,中塑性。该层分布不连续,平均标贯击数 $\bar{N} = 10.3$ 击。

③4 黏土(Q_3^{m+al}):浅灰色、青灰色、黄灰色,可塑~硬塑状,高塑性。该层分布不连续,平均标贯击数 $\bar{N} = 10.9$ 击。

第三大层的层底高程为 $-60.60 \sim -44.20$m。

根据东人工岛详细勘察资料,勘探点平面布置图见图6-3,C区典型剖面(d4-d4′)见图6-4。

2)A区地质条件

A区挤密砂桩处理地层为第一、二、三层。岩土体特征按由上至下顺序依次描述如下:

(1)第一大层

①1 淤泥~淤泥质黏土(Q_4^m):灰色,饱和,流塑~软塑,滑腻,偶含少量细砂及碎贝壳,局部含少量腐木,平均标贯击数 $N < 1$ 击。该层厚达 $3.50 \sim 25.40$m,平均厚度约13.4m。所有钻孔揭露,连续分布。

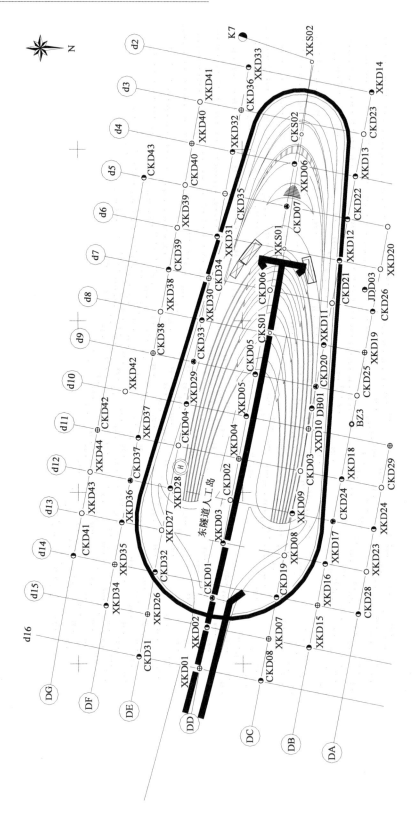

图 6-3　C区勘探点平面布置图

134

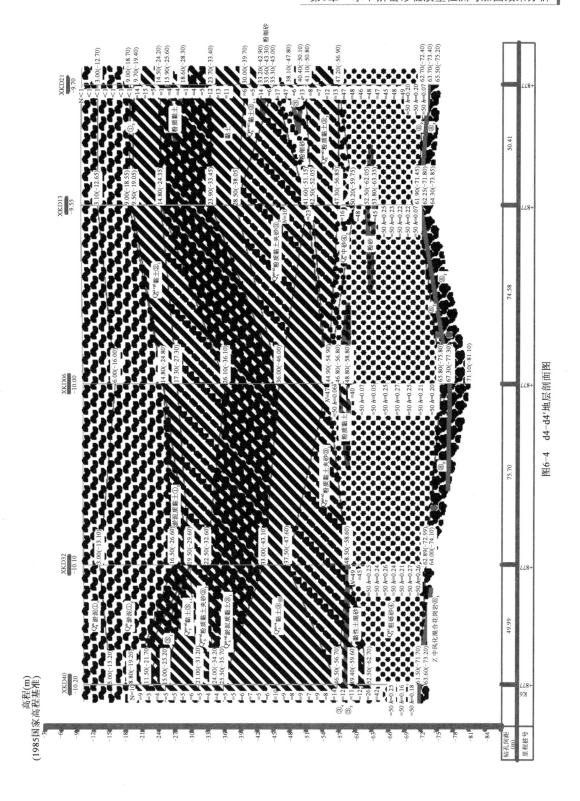

图6-4　d4-d4'地层剖面图

①4 中砂(Q_4^m):灰色,饱和,松散,以中砂为主,混大量贝壳碎和淤泥,偶含少量腐木碎,平均标贯击数 $N < 2$ 击。该层厚达 0.40~3.30m,平均厚度约 1.4m。

(2)第二大层

②1 黏土(Q_3^{al+pl}):灰黄色为主,含灰色等,湿,可塑为主,含少量细砂或夹薄层细砂,局部含少量泥质结核,平均标贯击数 $N = 12.5$ 击。该层厚达 0.60~10.50m,平均厚度约 2.80m。

②2 粉细砂(Q_3^{al+pl}):灰黄色,黄色,饱和,中密,颗粒级配差,含较多黏粒,夹少量薄层黏土,平均标贯击数 $N = 16.0$ 击。该层厚达 0.40~1.60m,平均厚度约 1.0m。

(3)第三大层

③1 黏土(Q_3^{mc}):灰色,浅灰色为主,稍湿,可塑~硬塑为主,含粉细砂或偶夹薄层细砂,局部含少量贝壳碎及泥质结核,平均标贯击数 $N = 12.9$ 击。该层厚达 0.90~39.3m,平均厚度约 12.3m。全区较连续分布,分布厚度差异较大。

③2 黏土夹砂(Q_3^{mc}):灰色,稍湿,可塑~硬塑为主,夹多层薄层细砂,局部呈互层状或砂夹黏土状,平均标贯击数 $N = 24.4$ 击。该层厚达 0.80~19.2m,平均厚度约 7.3m。

③3 粉细砂(Q_3^{mc}):灰色,深灰色为主,饱和,中密~密实为主,颗粒级配差,含少量黏粒,局部含少量贝壳碎,局部夹薄层黏土,平均标贯击数 $N = 26.4$ 击。该层厚达 0.30~6.3m,平均厚度约 2.0m。

③4 中砂(Q_3^{mc}):灰色,灰黄色为主,饱和,中密~密实为主,颗粒级配较差,含少量黏粒,局部夹薄层黏性土,平均标贯击数 $N = 31.7$ 击。该层厚达 0.30~7.4m,平均厚度约 2.1m。

根据东人工岛补充勘察资料,A 区勘探点平面布置图见图 6-5,地层典型剖面(v9-v9′)见图 6-6。

C1-2 区、C3 区、C7 区、C10 区、C12 区、C13-2 区、C14 区、C16-1 区、C16-2 区及 A8-3 区挤密砂桩桩体标贯试验从 2011 年 9 月 1 日至 2012 年 12 月 10 日完成,挤密砂桩按 1m 间隔进行标贯试验。

典型标贯成果柱状图见图 6-7、图 6-8,各区典型标贯数据统计见表 6-1。其中,东岛的岛壁结构 C 区置换率 25.6%,桩体标贯击数主要介于 20~48 之间[33];A 区置换率 55%,桩体标贯击数主要介于 22~46 之间。

6.1.3 检测结果分析

基于港珠澳大桥工程东人工岛现场对挤密砂桩桩体的标贯试验数据,主要从置换率、试验深度、时间等角度分别讨论其与标贯击数的关系,探索研究标贯击数与相对密实度的关系[34]。由于目前的标贯研究成果均是基于地基土层,所以首先探讨标贯试验贯入器的影响范围,确保研究成果可应用于挤密砂桩。

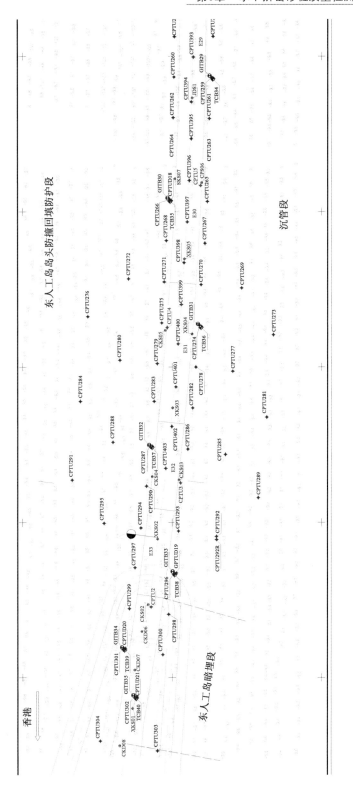

图6-5　A区勘探点平面布置图

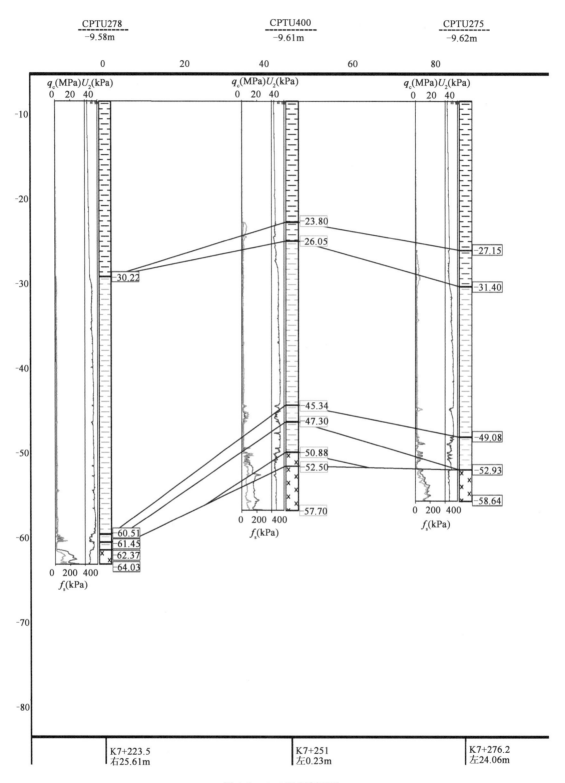

图 6-6　v9-v9′地层剖面图

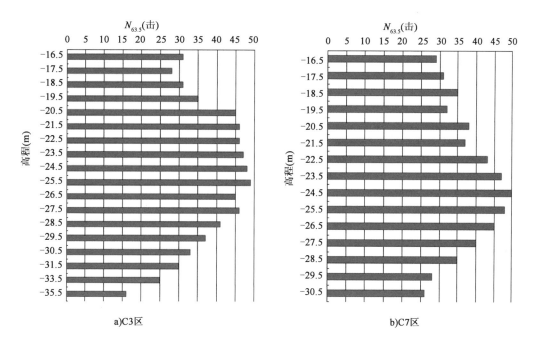

a)C3区　　　　　　　　　　　　　b)C7区

图 6-7　C 区典型标贯数据柱状图

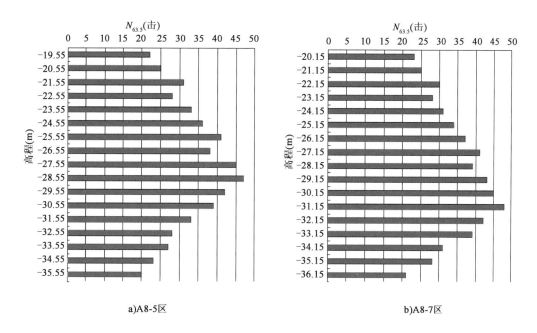

a)A8-5区　　　　　　　　　　　　b)A8-7区

图 6-8　A 区典型标贯数据柱状图

各区典型标贯数据统计表 表 6-1

C1-2 区域		C3 区域		C7 区域	
试验高程（m）	$N_{63.5}$（击）	试验高程（m）	$N_{63.5}$（击）	试验高程（m）	$N_{63.5}$（击）
−17.0 ～ −16.7	22	−16.95 ～ −16.65	31	−16.95 ～ −16.65	29
−18.0 ～ −17.7	30	−17.95 ～ −17.65	28	−17.95 ～ −17.65	31
−19.0 ～ −18.7	39	−18.95 ～ −18.65	31	−18.95 ～ −18.65	35
−20.0 ～ −19.7	40	−19.95 ～ −19.65	35	−19.95 ～ −19.65	32
−21.0 ～ −20.7	40	−20.95 ～ −20.65	45	−20.95 ～ −20.65	38
−22.0 ～ −21.7	35	−21.95 ～ −21.65	46	−21.95 ～ −21.65	37
−23.0 ～ −22.7	28	−22.95 ～ −22.65 ～	46	−22.95 ～ −22.65	43
−24.0 ～ −23.7	26	−23.95 ～ −23.65	47	−23.95 ～ −23.65	47
−25.0 ～ −24.7	25	−24.95 ～ −24.65	48	−24.95 ～ −24.65	50
−26.0 ～ −25.7	22	−25.95 ～ −25.65	49	−25.95 ～ −25.65	48
−27.0 ～ −26.7	24	−26.95 ～ −26.65	45	−26.95 ～ −26.65	45
−28.0 ～ −27.7	23	−27.95 ～ −27.65	46	−27.95 ～ −27.65	40
−29.0 ～ −28.7	21	−28.95 ～ −28.65	41	−28.95 ～ −28.65	35
−30.0 ～ −29.7	20	−29.95 ～ −29.65	37	−29.95 ～ −29.65	28
−31.0 ～ −30.7	19	−30.95 ～ −30.65	33	−30.95 ～ −30.65	26
		−31.95 ～ −31.65	30		
		−33.95 ～ −33.65	25		
		−35.95 ～ −35.65	16		
A8-3 区域		A8-5 区域		A8-7 区域	
试验高程（m）	$N_{63.5}$（击）	试验高程（m）	$N_{63.5}$（击）	试验高程（m）	$N_{63.5}$（击）
−18.90 ～ −18.60	18	−19.55 ～ −19.25	22	−20.15 ～ −19.85	23
−19.90 ～ −19.60	23	−20.55 ～ −20.25	25	−21.15 ～ −20.85	25
−20.90 ～ −20.60	32	−21.55 ～ −21.25	31	−22.15 ～ −21.85	30
−21.90 ～ −21.60	35	−22.55 ～ −22.25	28	−23.15 ～ −22.85	28
−22.90 ～ −22.60	36	−23.55 ～ −23.25	33	−24.15 ～ −23.85	31
−23.90 ～ −23.60	38	−24.55 ～ −24.25	36	−25.15 ～ −24.85	34
−24.90 ～ −24.60	39	−25.55 ～ −25.25	41	−26.15 ～ −25.85	37
−25.90 ～ −25.60	42	−26.55 ～ −26.25	38	−27.15 ～ −26.85	41
−26.90 ～ −26.60	39	−27.55 ～ −27.25	45	−28.15 ～ −27.85	39
−27.90 ～ −27.60	37	−28.55 ～ −28.25	47	−29.15 ～ −28.85	43
−28.90 ～ −28.60	31	−29.55 ～ −29.25	42	−30.15 ～ −29.85	45
−29.90 ～ −29.60	27	−30.55 ～ −30.25	39	−31.15 ～ −30.85	48
−30.90 ～ −30.60	28	−31.55 ～ −31.25	33	−32.15 ～ −31.85	42
−31.90 ～ −31.60	31	−32.55 ～ −32.25	28	−33.15 ～ −32.85	39

A8-3 区域		A8-5 区域		A8-7 区域	
试验高程（m）	$N_{63.5}$（击）	试验高程（m）	$N_{63.5}$（击）	试验高程（m）	$N_{63.5}$（击）
$-32.90 \sim -32.60$	25	$-33.55 \sim -33.25$	27	$-34.15 \sim -33.85$	31
$-33.90 \sim -33.60$	22	$-34.55 \sim -34.25$	23	$-35.15 \sim -34.85$	28
$-34.90 \sim -34.60$	26	$-35.55 \sim -35.25$	20	$-36.15 \sim -35.85$	21
$-35.90 \sim -35.60$	23				

Eslami and Fellenius（1997）通过 102 组 CPT 试验案例研究刚性桩与桩间土的作用关系，通过桩间土内摩擦角的变化得出桩体竖直向和水平向的应力影响范围（图 6-9），刚性桩的水平影响范围是 $2d \sim 4d$（d 为桩径）。国内研究提出刚性桩对桩间土的竖直向影响范围是桩端以上 $6d \sim 10d$，桩端以下竖直向范围是 $2d \sim 4d$。

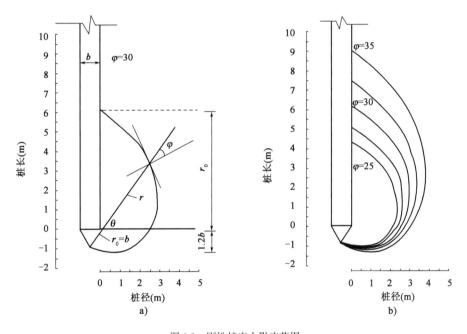

图 6-9 刚性桩应力影响范围

借鉴国内外对桩基与桩间土的作用机理研究成果，将贯入器近似认为是刚性桩，那么标贯试验中贯入器的水平向影响范围小于挤密砂桩的桩径，所以标贯击数可以反映挤密砂桩的桩体情况。贯入器尺寸见表 6-2。

贯 入 器 尺 寸 　　　　　　　　　　　　　　　　　　表 6-2

贯入器	长度（mm）	对开管内径（mm）	对开管外径（mm）
	680	35	51

1）挤密砂桩桩体标贯击数的影响因素

挤密砂桩桩体标贯击数 N 值的影响因素较多，主要为以下几方面：

（1）置换率。置换率的高低直接决定了复合地基的强度,对桩体标贯击数也会有一定影响。

（2）试验深度。挤密砂桩属于散体材料桩,而散体材料桩的标贯击数很大程度取决于桩周土的约束力,因而随着深度的变化标贯击数也会产生相应的变化。

（3）时间。时间即桩体打设后时间间隔,随着时间的增长,在桩间土固结完成时形成的复合地基强度才会达到至稳定状态。

（4）桩体材料的性质。砂料级配、粒径、细颗粒含量、相对密实度等因素会影响标贯击数 N 值。

（5）桩间土性质。挤密砂桩桩体为散体材料,桩间土所能提供的约束力大小直接关乎桩体承载力的大小,因而桩间土性质就会对标贯击数产生影响。

2）标贯击数与置换率关系

为了得到标贯击数与置换率的关系,分别对 25.6% 置换率和 55% 置换率的挤密砂桩进行标贯试验,其中 C 区置换率为 25.6% ,对应的桩径为 1.6m;A 区置换率为 55% ,对应的桩径均为 1.5m。A、C 区地质条件不尽相同,为了便于数据分析,结合地层剖面图,选取 A、C 区的同一土层的桩体标贯击数进行分析,C 区选取第③1 淤泥质黏土层进行分析,A 区选取③1 黏土层进行分析。挤密砂桩位置与钻孔及剖面对应关系见表 6-3。

挤密砂桩位置与钻孔及剖面对应关系 表 6-3

区域	桩号	对应钻孔	对应剖面	区域	桩号	对应钻孔	对应剖面
C1-2	L-5	XKD13	d4-d4′	A8-3	A-17	TCB38	v7-v7′
C3	J-36	XKD12	d6-d6′	A8-5	G-18	TCB38	v7-v7′
C7	I-5	XKD17	d13-d13′	A8-7	I-32	TCB37	v8-v8′
C10	J-15	XKD02	d15-d15′	A8-12	A-3	TCB37	v9-v9′
C12	F-13	XKD35	d14-d14′	A8-13	F-22	TCB37	v9-v9′
C13-2	L-3	XKD36	d13-d13′	A8-15	G-12	TCB36	v10-v10′
C14	G-5	XKD37	d11-d11′	—	—	—	—
C16-1	L-4	XKD33	d2-d2′	—	—	—	—
C16-2	J-14	XKD33	d2-d2′	—	—	—	—

根据钻孔 XKD02, XKD12, XKD13, XKD17, XKD33, XKD35, XKD36, XKD37 揭露地层柱状图可知,C 区③1 淤泥质黏土层顶面高程范围是 −35.6 ~ −24.35m,底面高程范围是 −40.2 ~ −33.45m,桩顶高程范围是 −16.8 ~ −16.2m,桩底高程范围是 −37.0 ~ −30.1m,结合不同桩体高程的差异,选取③1 淤泥质黏土层分析高程范围内桩体标贯击数数值来分析,根据详勘报告找出现有桩位对应的原始土层,确保分析的桩体强度在同一土层位置,结果见表 6-4。

C区③1淤泥质黏土层分析高程范围内桩体标贯击数值　　表6-4

区域	桩号	桩体高程(m)	对应钻孔	桩体分析高程范围(m)	平均标贯击数
C1-2	L-5	−31 ~ −16.7	XKD13	−28 ~ −24	24
C3	J-36	−35.95 ~ −16.65	XKD12	−35 ~ −33	25
C7	I-5	−30.95 ~ −16.65	XKD17	−30 ~ −28	32
C10	J-15	−31.5 ~ −16.2	XKD02	−30 ~ −26	34
C12	F-13	−30.75 ~ −16.45	XKD35	−30 ~ −28	24
C13-2	L-3	−31 ~ −16.7	XKD36	−30 ~ −28	19
C14	G-5	−30.15 ~ −16.85	XKD37	−30 ~ −28	28
C16-1	L-4	−37 ~ −16.7	XKD33	−37 ~ −35	20
C16-2	J-14	−30.95 ~ −16.65	XKD33	−30 ~ −28	30

采用上述的分析方法,A区③1黏土层顶面高程范围是 −28.9 ~ −25.0m,黏土层底面高程范围是 −48.8 ~ −38.7m,桩体高程范围是 −42.6 ~ −18.6m,结合A区不同桩体桩底高程的差异,选取③1黏土层分析高程范围内桩体标贯击数数值来分析,结果见表6-5。

A区③1黏土层分析高程范围内桩体标贯击数值　　表6-5

区域	桩号	桩体高程(m)	对应钻孔	桩体分析高程范围(m)	平均标贯击数
A8-3	A-17	−35.9 ~ −18.6	TCB38	−31 ~ −25	34
A8-5	G-18	−35.55 ~ −19.25	TCB38	−31 ~ −25	42
A8-7	I-32	−36.15 ~ −19.85	TCB37	−32 ~ −28	45
A8-12	A-3	−39.6 ~ −20.3	TCB37	−35 ~ −28	34
A8-13	F-22	−40.85 ~ −22.55	TCB37	−35 ~ −28	41
A8-15	G-12	−42.55 ~ −23.25	TCB36	−37 ~ −28	40

C区置换率25.6%,桩径为1.6m,③1淤泥质黏土层标贯击数平均值为26击,A区置换率55%,桩径1.5m,③1黏土层标贯击数平均值为38击。从表6-4和表6-5可以发现,同一土层中,高置换率桩体标贯击数明显高于低置换率桩体标贯击数。

3)标贯击数与试验深度关系

桩体标贯击数与试验深度关系曲线见图6-10和图6-11。C区平均桩长为15m,A区平均桩长为17m,在桩长相差不大情况下,高置换率和低置换率条件下的桩体标贯击数与试验深度的规律基本一致,随着试验深度的增加,桩体强度先增大后减小。

首先分析置换率25.6%的桩体强度与试验深度的关系,确定桩体强度的增大和减小范围。分别从到桩顶和到桩底距离两个角度来分析,以到桩顶和到桩底距离1m为单位,统计出平均标贯击数。

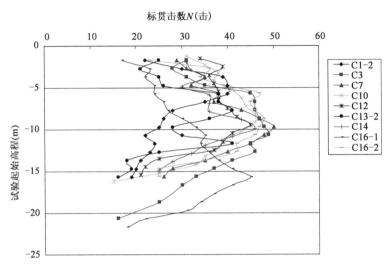

图 6-10　标贯击数与试验深度关系（置换率 25.6%）

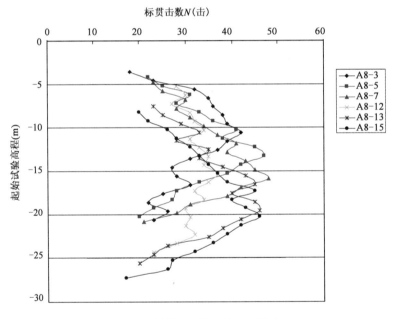

图 6-11　标贯击数与试验深度关系（置换率 55%）

　　置换率 25.6%，桩体标贯击数与到桩顶距离和到桩底距离见图 6-12 和图 6-13。当置换率为 25.6% 时，桩端土为淤泥质黏土，到桩顶 0~5m 范围内桩体标贯击数呈增大趋势，到桩底 0~7m 范围内呈减小趋势。

　　分析置换率为 55% 时的桩体标贯击数与试验深度关系，以同样的方法可以得到桩体标贯击数为置换率为 55% 的条件下与试验深度区间的关系，标贯击数与到桩顶和到桩底距离关系见图 6-14 和图 6-15。

经分析可知,置换率为 55% 时,桩端土为黏土,桩体强度在到桩顶 0～10m 范围内呈增大趋势,在到桩底距离 0～8m 范围内呈减小趋势。

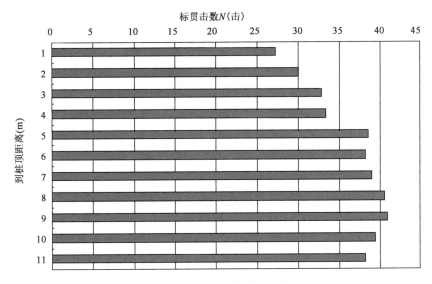

图 6-12　标贯击数与到桩顶距离关系(置换率 25.6%)

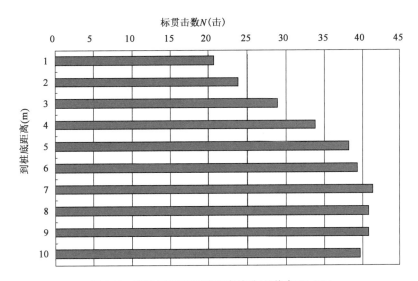

图 6-13　标贯击数与到桩底距离关系(置换率 25.6%)

从分析结果来看,低置换率和高置换率都是在到桩顶一定距离后出现标贯击数峰值,主要是因为上覆土层达到一定的厚度才能对桩体提供足够大的约束力。低置换率和高置换率的桩体强度均出现了到桩底一定距离范围内的强度下降,其主要原因是由于端部土体为较软弱土。另一方面是由于施工设备振动锤锤击能量在底部是损耗最大的部位,也会造成桩底位置桩体的密实程度较低,称为"端部效应"。当在底部形成一定长度的挤密砂桩后,就可为上部段挤密砂桩提供足够的支撑力,所以标贯击数也逐渐增长。

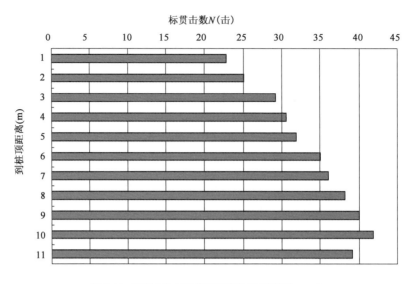

图 6-14 标贯击数与到桩顶距离关系(置换率 55%)

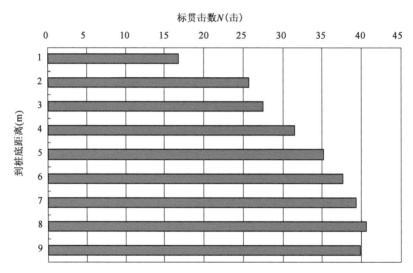

图 6-15 标贯击数与到桩底距离关系(置换率 55%)

4)标贯击数与时间关系

桩体施打完成后,对比 A、C 区单桩的时间,跨度较大,时间跨度在 2~167d 之间不等,如表 6-6 和表 6-7 所示。

C 区桩体强度随时间增长关系
表 6-6

区　　域	孔　　号	平均标贯击数	时间(d)
C1-2	L-5	25	42
C3	J-36	42	2
C7	I-5	36	16
C10	J-15	44	81

区　　域	孔　　号	平均标贯击数	时间(d)
C12	F-13	38	69
C13-2	L-3	38	32
C14	G-5	35	98
C16-1	L-4	34	11
C16-2	J-14	42	4

A区桩体强度随时间增长关系　　　　　　　　表6-7

区　　域	孔　　号	平均标贯击数	时间(d)
A8-3	A-17	34	20
A8-5	G-18	42	167
A8-7	I-32	45	101
A8-12	A-3	34	166
A8-13	F-22	41	77
A8-15	G-12	40	35

置换率为25.6%C区的挤密砂桩检测时间为2~98d,其平均标贯击数为25~44。置换率为55%A区的挤密砂桩检测时间为20~167d,其平均标贯击数为34~45。可以看出,无论高置换率还是低置换率,挤密砂桩的桩体标贯击数在打设完成后短时间内均大于25击,主要是由于挤密砂桩的特殊施工工艺,其挤密扩径过程能够大幅提升桩体密实度,在短时间内快速提高地基承载力。然而复合地基的承载力不仅取决于桩体强度,还取决于桩间土强度,对于低置换率的复合地基,由于其桩间土所占比例较多,为使其能够充分发挥承载能力,还需考虑挤密砂桩打设完成后桩间土强度的恢复时间。

5)标贯击数与相对密实度的关系探讨

在利用挤密砂桩对砂质地基加固时,通常需用到相对密实度 D_r 参数,下面将对标贯击数与相对密实度的关系进行探讨。

关于标贯击数 N 值与密实度 D_r 关系,Meyerhof(1957)研究得出 $\dfrac{N}{D_r^2}$ 与 $p_0{}'$ 呈线性关系。Skemptom(1986)对5类土体进行试验,得出关系式见式(6-2)。

$$\frac{N'_{70}}{D_r^2} = 32 + 0.288 p_0'　　　　　　　　　　(6-2)$$

根据有关文献中日本关于挤密砂桩的研究,得出 N 与 D_r 关系式见式(6-3)。

$$D_r = 21 \times \sqrt{N/(0.7 + p_0')}　　　　　　　　(6-3)$$

式中: p_0' ——土体有效垂直应力(kgf/cm²),1kgf/cm² = 98.066 5kPa≈100kPa。

基于 Meyerhof 研究得出 N 值和相对密度 D_r 的关系,见式(6-4)。

$$D_r = 0.16 \times \sqrt{N_1} \qquad (6\text{-}4)$$

式中：N_1——换算 N 值，$N_1 = \dfrac{167}{p_0' + 69} N$，$p_0'$ 为有效垂直压力（kPa），N 为实测标贯击数试验值。

另有其他相关研究得出标贯击数 N 值和 D_r 的关系，见图 6-16。

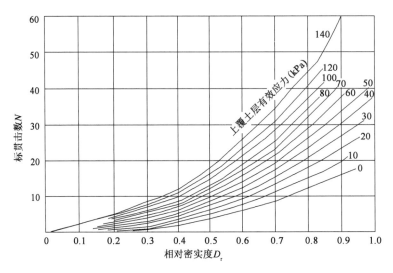

图 6-16　$N\text{-}D_r$ 之间的关系

《岩土工程勘察规范》（GB 50021—2001）中关于利用标贯击数 N 值确定砂土的密实程度见表 6-8。

砂土 $N\text{-}D_r$ 关系　　　　　　　表 6-8

标贯击数 $N_{63.5}$（击）	密　实　度	标贯击数 $N_{63.5}$（击）	密　实　度
$N_{63.5} \leqslant 10$	松散	$15 < N_{63.5} \leqslant 30$	中密
$10 < N_{63.5} \leqslant 15$	稍密	$N_{63.5} > 30$	密实

注：$N_{63.5}$ 为对试验过程中能量因子取 $N_r = 70$ 的标贯击数值。

考虑上覆土层有效附加应力影响，分别找出 A、C 区附加应力位置对应的桩体标贯击数值，按式（6-2）、式（6-3）和式（6-4）及图 6-16 中 $N\text{-}D_r$ 关系式计算出 D_r 值，计算结果见表 6-9。

A、C 区挤密砂桩相对密实度 D_r 计算　　　　　　　表 6-9

区域	桩号	$N_{63.5}$（击）	p_0'（kPa）	按式（6-2）计算 D_{r1}	按式（6-3）计算 D_{r2}	按式（6-4）计算 D_{r3}	查图 6-16 D_{r4}	按照表 6-8
A8-7	I-32	39	115.94	0.73	0.96	0.95	0.80	密实
A8-12	A-3	35	115.94	0.69	0.91	0.90	0.75	密实
A8-13	F-22	33	115.94	0.67	0.88	0.87	0.72	密实
A8-15	G-12	33	123.94	0.66	0.87	0.86	0.71	密实
C1-2	L-5	26	89.91	0.64	0.85	0.84	0.68	中密
C3	J-36	25	149.93	0.55	0.71	0.70	0.59	中密
C7	I-5	35	118.11	0.69	0.91	0.89	0.70	密实

区域	桩号	$N_{63.5}$（击）	p_0'（kPa）	按式(6-2)计算 D_{r1}	按式(6-3)计算 D_{r2}	按式(6-4)计算 D_{r3}	查图 6-16 D_{r4}	按照表 6-8
C12	F-13	25	114.89	0.59	0.77	0.76	0.64	中密
C13-2	L-3	18	110.25	0.50	0.66	0.66	0.54	中密
C14	G-5	28	111.34	0.63	0.83	0.81	0.68	中密
C16-1	L-4	22	150.87	0.51	0.66	0.65	0.52	中密
C16-2	J-14	35	102	0.72	0.95	0.94	0.76	密实

由表 6-9 可以看出,计算得出的桩体材料相对密实度 D_r 值偏大,是由于挤密砂桩桩体不同于正常固结地基土,在打设过程中利用高能量的振动锤使得桩体更加密实,桩体标贯击数一般也会高于地基土的标贯击数。按照《岩土工程勘察规范》中密实度的判别标准,C 区挤密砂桩桩体材料密实状态为中密～密实,A 区挤密砂桩桩体材料密实状态为密实。

6.1.4　工程验证

1)标贯击数与内摩擦角的关系探讨

挤密砂桩桩体为散体材料,散体材料本身无黏聚力,所以内摩擦角的确定显得尤为重要,下面将研究标贯击数与挤密砂桩桩体的内摩擦角关系,为工程设计提供便利。

关于标贯击数 N 值与内摩擦角 φ 间的关系,国外学者 Fukui 和 Shioi 根据日本铁路规范标准建议得到:

$$\varphi = \sqrt{18N_{70}'} + 15 \tag{6-5}$$

$$\varphi = 0.36N_{70} + 27 \tag{6-6}$$

$$\varphi = 4.5N_{70} + 20 \tag{6-7}$$

其中,N_{70}' 是对 N_{70} 进行重锤、钻杆长度、取样器和钻孔直径修正得到标贯击数值,N_{70} 是对试验过程中能量因子取 $N_r = 70$ 的标贯击数值。式(6-5)适用于道路和桥梁建设,式(6-6)适用于建筑物建设,式(6-7)为常用式。

不同级配的砂土,Dunham 建议

$$\varphi = \sqrt{12N} + 20 \qquad （级配良好圆粒砂） \tag{6-8}$$

Peck 建议

$$\varphi = 0.3N + 27 \tag{6-9}$$

Meyerhof 建议

$$\begin{cases} \varphi = \dfrac{5}{6}N + 26\dfrac{2}{3} & （4 \leqslant N \leqslant 10） \\ \varphi = \dfrac{1}{4}N + 32.5 & （N > 10） \end{cases} \tag{6-10}$$

Peck&Terzaghi 研究得出了 N 值与内摩擦角关系曲线(图6-17)。

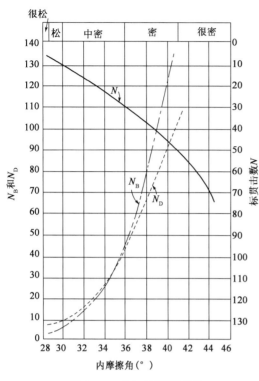

图6-17　N 值与内摩擦角关系

2)验证分析

在洋山深水港工程中曾经开展载荷板试验和标贯试验,载荷板试验加压至地基破坏得到了复合地基承载力,可利用承载力实测值反算求出桩体内摩擦角,结合一系列标贯击数与内摩擦角关系式,通过对比验证得出适合挤密砂桩桩体材料的 N-φ 的建议关系式。

在洋山深水港工程中进行了60%置换率和25%置换率挤密砂桩复合地基承载力试验及标贯试验。60%置换率和25%置换率的挤密砂桩采用正方形布置,间距均为 $2.1\text{m}\times2.1\text{m}$,60%置换率的挤密砂桩直径为1.85m,25%置换率的挤密砂桩直径为1.2m。挤密砂桩的平面布置详见图6-18。

通过试验得到的主要成果如下:

(1)高置换率(60%):试验区复合地基面层的极限承载力不小于559kPa。桩体平均标贯击数 N 大于20击,为中密～密实状态。

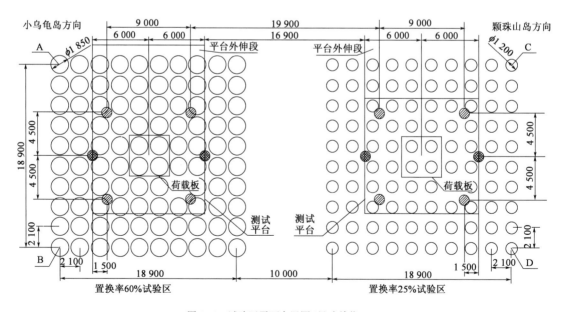

图6-18　试验区平面布置图(尺寸单位:mm)

（2）低置换率（25%）：试验区复合地基面层的极限承载力为 254kPa。桩体标贯击数为 10 ~ 15 击。

复合地基的内摩擦角和黏聚力标准值可按下列公式计算：

$$\tan\varphi_{sp} = m\mu_p\tan\varphi_p + (1 - m\mu_p)\tan\varphi_s \tag{6-11}$$

$$c_{sp} = (1 - m)c_s \tag{6-12}$$

$$\mu_p = \frac{n}{1 + (n - 1)m} \tag{6-13}$$

式中：φ_{sp}——复合土层内摩擦角标准值；

　　　　m——面积置换率；

　　　　μ_p——应力集中系数；

　　　　φ_p——桩体材料内摩擦角标准值；

　　　　φ_s——桩间土内摩擦角标准值；

　　　　c_{sp}——复合土层黏聚力标准值（kPa）；

　　　　c_s——桩间土黏聚力标准值（kPa）；

　　　　n——桩土应力比。

由上述公式可得出挤密砂桩加固后各土层的复合内摩擦角标准值和黏聚力标准值。按照《港口工程地基规范》（JTS 147-1—2010）相关公式可计算出地基承载力。计算参数如下：

（1）面积置换率 $m = 25\%$，桩土应力比 $n = 3.6$。桩间土为淤泥质粉质黏土：黏聚力 $c_s = 11$kPa，内摩擦角 $\varphi_s = 15°$。桩体平均标贯击数 $N = 11$ 击。

（2）面积置换率 $m = 60\%$，桩土应力比 $n = 2$。桩间土为淤泥质粉质黏土：黏聚力 $c_s = 11$kPa，内摩擦角 $\varphi_s = 15°$。桩体平均标贯击数 $N = 22$ 击。

计算得出的桩体内摩擦角和按照载荷板试验地基承载力实测值反算出的桩体内摩擦角计算结果见表6-10。

桩体内摩擦角计算　　　　　　　　　　　　　　表6-10

计 算 依 据	计 算 式	25% 置换率 $N = 11$ 击对应 桩体内摩擦角 $\varphi(°)$	60% 置换率 $N = 22$ 击对应 桩体内摩擦角 $\varphi(°)$
Fukui&Shioi	$\varphi = \sqrt{18N'_{70}} + 15$	28.3	33.9
Dunham	$\varphi = \sqrt{12N} + 20$	31.5	36.2
Peck	$\varphi = 0.3N + 27$	30.3	33.6
Meyerhof	$\varphi = \frac{1}{4}N + 32.5 (N > 10)$	35.3	38
Peck&Terzaghi	查图 6-17	30.5	33.8
按承载力实测值反算	—	33.1	35.3

根据表6-10计算结果可以发现,Dunham建议公式[式(6-8)]计算出的桩体材料内摩擦角最接近按载荷板反算内摩擦角,所以可采用Dunham提出的计算式估算挤密砂桩桩体的内摩擦角。

6.2　加固效果分析

6.2.1　岸壁斜坡堤低置换率挤密砂桩复合地基加固效果

岸壁斜坡堤低置换率挤密砂桩加固主要作用是保证地基整体稳定,东、西隧道人工岛岸壁结构已竣工,经现场巡测未发现滑移现象,且紧邻的钢圆筒也未发生大的变位。

东人工岛岸壁结构基础软基处理方式为开挖换填＋挤密砂桩,挤密砂桩直径为1.6m,挤密砂桩底高程为 −31.0m。处理区域垂直于护岸方向桩间距为2.9m,平行护岸方向桩间距为2.7m,呈矩形布置,挤密砂桩置换率25.6%。对东人工岛的C区域的挤密砂桩桩体进行现场标贯试验(地层分布如6.1节所述),现结合标贯测试数据,对挤密砂桩的承载性能进行分析。

1)桩体内摩擦角的计算

置换率25.6%的挤密砂桩共进行了9根桩体的标贯试验,每根桩体沿桩身每隔1m深度做一次标贯,见表6-11。由表知,该根桩体的平均标贯击数为37.7击,以该击数代表桩体的标贯击数。由此,试验得到不同桩体的标贯击数见表6-12,9根桩体的平均击数为34击,将该击数(34击)作为置换率为25.6%的挤密砂桩的标贯击数。

某根挤密砂桩标贯击数($N_{63.5}$)统计　　　　　　　　　　表6-11

试验高程(m)	$N_{63.5}$(击)	描　　述
−16.95 ~ −16.65	31	中粗砂夹碎石
−17.95 ~ −17.65	28	中粗砂
−18.95 ~ −18.65	31	中粗砂
−19.95 ~ −19.65	35	中粗砂
−20.95 ~ −20.65	45	中粗砂
−21.95 ~ −21.65	46	中粗砂
−22.95 ~ −22.65	46	中粗砂
−23.95 ~ −23.65	47	中粗砂
−24.95 ~ −24.65	48	中粗砂
−25.95 ~ −25.65	49	中粗砂
−26.95 ~ −26.65	45	中粗砂
−27.95 ~ −27.65	46	中粗砂

试验高程（m）	$N_{63.5}$（击）	描　述
$-28.95 \sim -28.65$	41	中粗砂
$-29.95 \sim -29.65$	37	中粗砂
$-30.95 \sim -30.65$	33	中粗砂
$-31.95 \sim -31.65$	30	中粗砂
$-33.95 \sim -33.65$	25	中粗砂
$-35.95 \sim -35.65$	16	粉质黏土

9根挤密砂桩平均标贯击数（$N_{63.5}$）　　表6-12

砂桩	第1根	第2根	第3根	第4根	第5根	第6根	第7根	第8根	第9根
标贯击数	37.7	27.6	37.6	36.8	35.6	28.5	34.7	30.4	38.7

已知置换率25.6%的挤密砂桩桩体的标贯击数，可以建立标贯击数 N 值与内摩擦角 φ 间关系，见式(6-8)～式(6-10)。

标贯试验中贯入器的水平向影响范围小于桩径尺寸，且贯入器的尺寸与砂桩桩径相比可忽略，所以运用上述公式可近似计算砂桩桩体的内摩擦角 φ_p，计算结果见表6-13，其值 φ_p 介于37.2°～41°之间。

挤密砂桩桩体的 N-φ 计算结果　　表6-13

计算依据	计　算　式	标贯击数	桩体的内摩擦角 φ_p 计算值（°）	平均内摩擦角 φ_p（°）
Dunham	$\varphi = \sqrt{12N} + 20$		40.2	
Peck	$\varphi = 0.3N + 27$	$N_{63.5} = 34$	37.2	39.5
Meyerhof	$\varphi = \dfrac{1}{4}N + 32.5 \ (N > 10)$		41	

2）复合地基承载力计算

复合地基的内摩擦角和黏聚力可按公式(6-11)～式(6-13)计算。取表6-14中的最小值37.2°作为挤密砂桩的桩体内摩擦角 φ_p；挤密砂桩高程为 $-31.0 \sim -16.0\text{m}$，桩长15m，计算得出桩长范围内的土体加权内摩擦角 φ_s 为15.8°，加权黏聚力 c_s 为13.7kPa。砂桩置换率为25.6%，由试验得到淤泥质土达到极限荷载时桩土应力比 n 取2.55，根据公式(6-11)计算得到复合地基内摩擦角 φ_{sp} 为26.8°，根据公式(6-12)计算可得到复合地基黏聚力 c_{sp} 为10.2kPa。

根据《建筑地基基础设计规范》（GB 50007—2011）计算得出原状土地基承载力特征值为86.2kPa，置换率为25.6%的复合地基承载力特征值为120.1kPa，与原状土地基相比，承载力提高了40%。

6.2.2　救援码头高置换率挤密砂桩复合地基加固效果

救援码头高置换率挤密砂桩加固主要作用是保证地基整体稳定、确保地基承载能力及控制工后沉降,救援码头结构已竣工,经现场巡测未发现滑移现象,且紧邻的钢圆筒也未发生大的变位。

根据监测数据救援码头自沉箱安装后的沉降为 11～20cm,沉降监测点位置及沉降监测数据见图6-19、图6-20,挤密砂桩复合地基沉降已收敛,救援码头工后沉降可控。

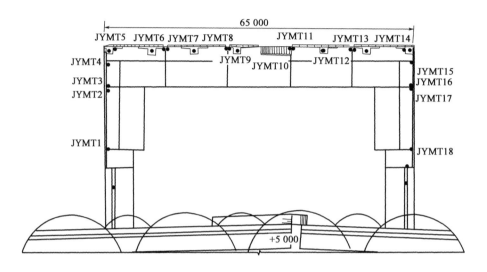

图6-19　救援码头监测点布置图

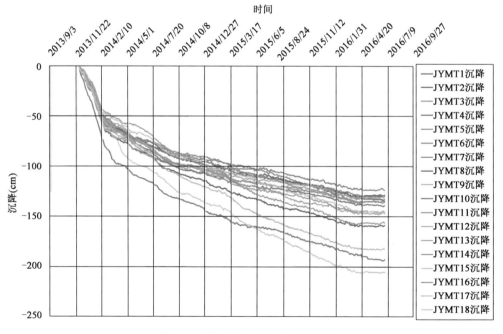

图6-20　救援码头沉降随时间变化曲线

6.3　本　章　小　结

目前水下挤密砂桩的质量检测常采用标准贯入试验,检测时可利用砂桩船船艏部位搭设检测作业平台,对于挤密砂桩桩体的检测在施工完成后即可进行。利用标准贯入试验检测方法对港珠澳大桥工程中挤密砂桩进行了质量检测,取得了满意的效果,并对成果进行了分析,主要包括:

(1)挤密砂桩桩体标贯击数的主要影响因素有置换率、试验深度、时间、桩体材料的性质和桩间土性质等。

(2)在桩顶一定范围内桩体标贯击数随深度逐渐增大,而后趋于平稳值。同一土层中,高置换率桩体标贯击数明显高于低置换率桩体标贯击数。

(3)考虑上覆土层有效附加应力的影响,对桩体材料标贯击数与相对密实度的关系进行了探索分析。

(4)对桩体材料标贯击数与内摩擦角关系探索分析,通过洋山深水港工程载荷板试验的承载力实测值反算求出桩体材料内摩擦角,分析得出了挤密砂桩标贯 N 值与内摩擦角的关系式可采用 Dunham、Peck、Peck&Terzaghi 方法来估算的结论。

第7章 展 望

水下地基加固不仅是岩土工程学科研究的一个重要领域,而且因海洋环境的特殊性而具有特殊的难度。港珠澳大桥工程对水下挤密砂桩的使用在国内为第二次,也是使用规模最大的一次。依托国家科技支撑计划课题"港珠澳大桥跨海集群工程建设关键技术研究与示范",工程建设中对水下挤密砂桩技术进行了一次全面的实践,克服了施工海域无掩护条件、土层复杂、工期紧、环保要求高等难题,顺利完成了在港珠澳大桥人工岛工程中的地基加固任务。通过置换和挤密作用提高人工岛岛壁地基土体的抗剪强度,从而提高岸壁钢圆筒的稳定性和地基承载力,减少岛外侧抛石堤的沉降。工程质量检测结果表明,挤密砂桩施工质量好,工效高,没有对环境造成不良影响,取得了良好的社会经济效益。这次工程实践的成功得益于科研的力量,在整个研究过程中,整合了岩土工程、机械工程、自动控制、船舶工程、港航工程、公路工程以及声学等专业学科,由科研人员、设计人员、设备以及施工人员组成了庞大的团队,综合采用了多种研究手段,并开展了多次海上试验。由于水下挤密砂桩技术在港珠澳大桥人工岛工程中的成功应用,随后又进一步推广应用于海底沉管隧道的地基加固方案的优化,通过在隧道过渡段采用置换率为40%~70%挤密砂桩进行地基加固,消除了施工期沉降,减小次固结沉降,从而降低了隧道过渡段的不均匀沉降,取得了非常好的效果。

然而由于水下挤密砂桩在国内的工程实践尚未积累足够的经验和资料,仍遗留了一些尚待进一步提高的技术问题。海洋工程的地基加固与陆上地基加固相比,受自然条件的制约更多,如海洋水文条件、有效作业天数、施工船舶稳性、原材料的取用条件等,都会直接影响地基加固的可行性、工期、造价等。在这方面,水下挤密砂桩已经体现出明显的优势,但从另一个角度看,这同样也是水下挤密砂桩技术今后继续提升的方向。笔者认为,水下挤密砂桩技术今后需要进一步开展以下六方面问题的研究,其中前两个问题属于目前尚未完全探明或未及尝试的问题,后四个问题则是从环境友好、资源节约的角度有待进一步提高的技术。

首先是挤密砂桩的设计计算方法方面。承载力和沉降计算的公式有不少,尽管开展了离心模型试验,也通过工程监测获取了数据,并结合这些测试结果做了各种公式的对比分析,但必须看到每一种公式都有其独立的计算体系和参数取值方法,仍难以凭一个工程的效果和一次模型试验判定哪一种公式最为适用。特别是挤密砂桩复合地基的承载力和沉降受桩间土性质的影响比较大,挤密砂桩打设过程中的动力固结作用以及后续荷载作用下的排水固结都会使桩间土的性质产生变化,而工程现场的海上钻探很难精确定位到桩间土,导致桩间土的参数不容易选取。在港珠澳大桥人工岛工程中科研单位曾经尝试对桩间土开展标贯试验,总体上桩间土的标贯击数比打砂桩之前有明显增大,但因为现场条件所限,数据样本不足,数据的规律性不是很好。在缺少桩间土参数取值经验的情况下,只能按照原状土进行参数取值,这就导致计算结果偏于保守。因此在今后的工程实践中,需要针对桩间土的变化规律开展进一步探索和积累。

第二是在复杂地质的施工控制方面。挤密砂桩施工船以及施工控制系统是保证挤密砂桩顺利实施的关键,本工程挤密砂桩的着底土层起伏较大,硬夹层较多,为此施工团队开展了现场试验,以此确定了根据套管贯入速率来判定砂桩挤密扩径极限状态的控制标准。但由试验确定的控制标准仅针对特定的地质以及特定的锤型,获得的套管贯入速率不具有普遍的指导意义。但该项试验的方法具有普遍意义,当遇到其他类型的地质条件或施工船舶配置其他振动锤时,可以通过此类试验方法确定控制标准。此外,出于确保挤密砂桩施工质量的目的,本工程制定的控制标准偏于严格,因为当套管贯入速率达到此标准时振动设备已达到极限状态,这不仅对设备是一种损耗,也会在一定程度上造成能源与工效的浪费。因此,在今后的水下挤密砂桩工程项目中,一方面可以借鉴本工程的试验方法确定挤密砂桩挤密扩径的极限状态,同时应该从桩体质量的角度,进一步研究更为合理的控制标准。

第三是桩体材料问题。由于挤密砂桩在国内的应用尚未积累足够的经验,因此在港珠澳大桥工程建设中,对挤密砂桩无论是施工质量还是原材料的质量都规定了比较高的要求,国内的水下挤密砂桩行业标准也对砂料做出了比较严格的规定。这固然可以确保水下挤密砂桩的施工质量,但同时也不可避免地造成水下挤密砂桩的成本较高,并对其推广应用带来一定难度。目前国内对桩体材料一般要求采用粗砂、中砂等,最大粒径不宜大于50mm,含泥量不大于5%。同时国内标准并不排除采用细砂或其他材料的可能,只是规定在采用其他材料时需开展系统的试验。在挤密砂桩应用较多的日本,已经在工程中采用炼钢炉渣、再生碎石以及贝壳与砂的混合料进行挤密砂桩施工,并对这些材料的应用做出了严格的规定。首先是规定所使用的材料不会因为施工原因导致大颗粒粉碎成细颗粒。其次规定必须开展系统的试验以确认材料的适用性,包括颗粒级配试验、渗透性试验、三轴压缩试验等,以及通过施工试验确认材料在套管中的通过性和施工效率。此外,对炼钢炉渣等存在溶出物可能性的材料,还要依照法律规定进行一系列化学试验以确定其不会对海水造成污染。在日本,以抗液化、提高承载力为目的的砂质地基加固的陆上工程中,再生材料的使用率甚至已经达到了80%。

砂石料是我国基础设施建设的基本原材料,而砂是难以再生的宝贵资源,是工程界消耗固体资源量最大的产品,我国用于工程建设的砂石消耗量位居世界第一。砂石是地域性很强的资源性建筑材料,经历长期大量开采之后,面临着资源减少,同时天然砂的品质也明显下降。而另一方面,我国仅有1%的建筑废料得到有效利用。为了保护环境,同时也为了使水下挤密砂桩这一良好的工法得到有效应用,有必要研究如何降低对桩体材料的要求。一方面是适应砂源质量难以保证的现状,采用细颗粒含量较高的砂;另一方面从更长远的角度考虑,采用再生材料或工业废料进行地基加固。

第四是对地基土的适用性问题。在日本,挤密砂桩手册中规定 SCP 工法适用于黏性土、粉土、砂质土以及高含水率的腐殖土等地基加固,不适用的地基则首推超灵敏土地基,此外,刚刚疏浚后的超软弱地基(如:含水率超过 200% 的地基)也不适合采用 SCP 工法加固。国内的挤密砂桩技术标准也借鉴了这样的规定。然而,对于软黏土地基的具体适用范围并没有明确规定。在一些海域(如港珠澳大桥所处的伶仃洋海域)存在非常软弱的黏性土地基,含水率甚至达到 100% 左右,在进行挤密砂桩加固设计时,一般采用挖除此部分浅层土的方式处理。

要说明这个问题,可以借鉴一个日本的典型案例。该案例来自东京湾跨海通道川崎人工岛工程,该案例地基以软黏土为主,浅层土 N 值基本为零,采用置换率为 0.785 的挤密砂桩进行加固。4 年之后挖除桩顶以上覆土并开展了一系列测试,图 7-1 给出了未加固前(1989 年)的地基含水率分布以及加固后(1990 年)的 N 值分布、加固 4 年后(1993 年)的实测挤密砂桩置换率分布。由图可见,经挤密砂桩加固后实际置换率在大部分深度范围处于 72% ~ 75%,与设计置换率接近,但在接近泥面的浅层土内实际置换率达到了 90% 左右,这说明在浅层土挤密砂桩的实际桩径较大,这是由挤密砂桩通过回打扩径确保桩体密实度的基本工艺所致。

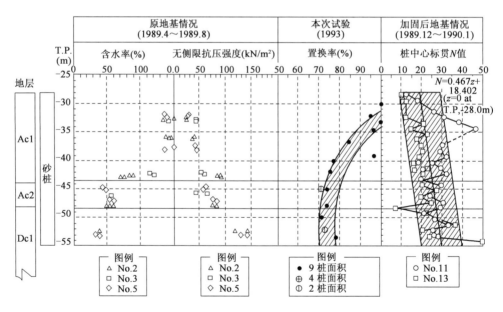

图 7-1　日本川崎人工岛挤密砂桩实测结果

该案例可以说明两个问题,一是对于含水率达到 100% 左右的软黏土,挤密砂桩仍可以成桩,并可以在使用期维持良好的桩体形状,实现了非常好的加固效果;二是由于桩间土软弱,对桩体的侧向约束作用不强,挤密砂桩成桩后的实际置换率超过了设计置换率,砂的消耗量较大。因此,要说明挤密砂桩到底适用于怎样软弱程度的黏性土,不仅仅是一个能否成桩的问题,而是一个需要综合考量加固效果与经济性的问题。

第五是隆起土的处理技术。国内对过于软弱的浅层软黏土进行挖除处理,不仅与挤密砂桩成桩可能性有关,同时还考虑到因砂桩贯入造成的隆起土强度存在不确定性。由于国内挤密砂桩的应用实例较少,实际施工监测中对泥面隆起的测试结果又受到泥沙回淤、套管拔出时套管内残留砂溢出等因素的影响,因此尚未积累足够的泥面隆起的准确测试资料。对隆起土的强度等土性参数更是缺乏实测资料。在日本应用挤密砂桩的早期,因对隆起土的特性不明确而挖除浅层土或隆起土的做法也比较多,但后来通过大量的调查和试验认为隆起部分的土质与原地基浅层土的特性大致相同,可以将隆起土看作是地基的一部分进行加固设计。在具体的参数选取上,原地基和隆起部分固结系数及体积压缩系数之间没有明显差距,可以认为隆起土的固结特性和原地基大致相同。但是隆起部分的强度与原地基相比较弱,因此需要注意其稳定性。具体做法上可以对隆起土做挤密砂桩加固,也可以做普通砂井加固。对于隆起土加固后的挤密砂桩也做了不少调查,发现隆起土中的挤密砂桩标贯击数较小,但仍属于因表层土侧限压力小而引起的 N 值偏小的正常范围。据此,对隆起土进行挤密砂桩设计时隆起土地基中也采用和原地基相同的内摩擦角。

在国内,由于工程案例还不多,但也开展了不少讨论。一般认为挤密砂桩施工引起的泥面隆起总体上表现为复合地基的整体抬高,隆起土体是一层砂和地基土的复合体,对斜坡堤设计而言,这一层土可以不予清除,随着上部逐步加载,这一层土的强度会恢复并提高,不会影响堤身的整体安全,沉降也会在加载过程中得以消除。对附加应力不是很大的重力式结构,可以通过加厚抛石基床来解决基床地基应力满足强度的问题。对于抛石基床底附加应力较大的情况,则可考虑对隆起土体进行二次复合地基处理,如提高盖层土的置换率。对重力式结构,如果不清除隆起土,总沉降会比清除隆起土要略大,但只要能将工后沉降控制在与清除隆起土相当的水平,其经济性是不言而喻的。

隆起土对施工方面的影响主要是在水深较浅的海域,可能会造成施工船舶的吃水深度不够,需对可能的隆起高度做出估算并根据具体船舶的吃水深度以及施工的顺序、方向综合评估施工的可行性。

随着工程实践和经验的积累,可以对此类问题有更多的认识。特别是越来越多的地区关注海洋环境保护问题,在尽可能不清淤、不挖除隆起土的前提下进行工程建设也将成为一种保护海洋环境的手段,因此对隆起土的研究具有重要的意义。

第六是桩体强度指标的实时获取。在港珠澳大桥工程挤密砂桩的施工设备研制过程中,中交三航局在借鉴日本技术的基础上自行开发了一套施工控制系统,与普通砂桩的施工模式相比,自动控制使成桩质量的保证度大大提高,避免了人工操作带来的施工质量的不确定性。该系统的基本控制原则是通过实时监控桩套管与砂面位置并通过砂的密实度换算出砂桩体积,确保两个影响成桩质量的关键因素得到控制:一是贯入水下地基的砂量,二是挤密砂桩桩体的连续性。这两项关键因素可以确保挤密砂桩不仅是连续的,而且达到所需的密实度。然而挤密砂桩复合地基的设计参数还是需要通过换算的。如果能在施工过程中通过监控系统实时获取桩身的强度指标,无论对于施工质量控制还是对于合理选取设计参数、优化工程造价,都有积极的意义。这需要在套管端部设置一定的探测设备,并对探测的数据进行分析比对,建立起与桩体强度指标的关系。

为了在交通基础设施建设中推广水下挤密砂桩技术,凝聚港珠澳大桥等工程建设经验与科研成果的行业标准《水下挤密砂桩设计与施工规程》正在编制,但这并不代表该项技术已经完全成熟无须提高,因为创新是永无止境的。几十年来,随着国力的提升,我国在交通基础设施建设领域取得了大量的建设成就,设计、施工、管理水平不断提高,在这些工程建设成就中,科技创新起到了极其重要的作用。当今的工程建设比以往任何时候都更加注重工程建设的品质和环境友好、资源节约,而岩土工程的特点是与自然条件相依共存,岩土工程的本质就是因循天然岩土的规律和工程的赋存条件对其进行能动改造,在这方面的探索也是永无止境的。

21世纪是海洋世纪,海洋在全球的战略地位日益突出,海洋经济已成为世界经济发展的新领域、新趋向。随着陆地土地资源、物质资源的进一步减少,各国纷纷向海域要空间、向海洋要资源,围填海造地、深水海港、海上风电的建设发展步伐加快。随着人类认识自然的水平的提高,各国越来越注重自然岸线的保护。进行围填海造地工程建设,往往要求尽量不用或少用自然岸线,要求避免采取截弯取直等严重破坏自然岸线的围海造地方式。我国国家海洋局2008年1月发布了《改进围填海工程平面设计意见》,明确要求"由海岸向海延伸式围填海逐步转变为离岸人工岛式和多突堤式围填海,由大面积整体式围填海逐步转变为多区块组团式围填海"。围海造地方式的改变,使围填海向离岸、开敞、深水海域方向发展。随着全球经济的发展和交通运输业的发展以及互联互通的需要,跨海通道桥隧转换人工岛、机场离岸人工岛、跨海通道的建设也越来越多。另外,随着近海条件较好,深水岸线基本得到开发,港口建设也出现离岸、深水、外海化的趋势。这些离岸工程往往位于外海,具有远离陆地、水深大、风浪条件恶劣、地质条件复杂等特点,地基基础更为复杂,地基处理往往是工程的重点、难点之一。离岸工程的水深和风浪条件往往对地基处理施工不利,对施工装备和工艺要求相应地比陆上工程高得多。水下挤密砂桩技术是现代岩土工程技术在海洋工程建设中的一个代表,与传统地基加固技术相比,不仅抵御外海波浪的能力更强,也集中体现了精确的自动控制技术。目前挤密砂桩施工船最大打设深度已达水下66m,随着我国海洋装备制造技术的发展以及深海、远海工程的推进,可以预见不久的将来会有更强装备、更精细化控制能力的砂桩船出现,并且更加注重环境保护、资源节约,这需要工程技术人员持续不断地探索和创新,这是当代工程技术人员的使命。

参 考 文 献

［1］ 寺師昌明.挤密砂桩设计与施工［M］.日本:地质工学会,2009.

［2］ 尹海卿.水下挤密砂桩加固软土地基的技术研究［M］.北京:人民交通出版社,2013.

［3］ 顾祥奎,王晓晖.重力式码头水下挤密砂桩复合地基设计［J］.水运工程,2011(11):227-231.

［4］ 中交第四航务工程勘察设计院有限公司.港珠澳大桥主体工程岛隧工程施工图设计［R］. 2011.

［5］ 中交公路规划设计院有限公司,中交第一航务工程勘察设计院有限公司.港珠澳大桥主体工程施工图设
计阶段工程地质勘察报告(西人工岛)第二分册(第一部分)［R］.2009.

［6］ 中交第四航务工程勘察设计院有限公司,中交公路规划设计院有限公司.港珠澳大桥主体工程岛隧工程
补充地质勘察(西人工岛区)岩土工程勘察报告第二册第一分册［R］.2011.

［7］ 中交第三航务工程局有限公司,等.外海厚软基桥隧转换人工岛设计与施工关键技术研究报告
［R］.2015.

［8］ 包承纲,饶锡保.土工离心模型的试验原理［J］.长江科学院院报,1998,15(2):1-4.

［9］ Schofield A. N. Cambridge geotechnical centrifuge operations［J］. Geotechnique, 1980,30(3):227-228.

［10］ Garnier J. , Gaudin C. Catalogue of scaling laws and similitude question in geotechnical centrifuge modeling
［J］. International Journal of Physical Modeling in Geotechnics, 2007,3(3):1-23.

［11］ X F. Ma. , L Q. He. Centrifuge modeling on construction and long-term settlement of reclaimed lsland-practical
approaches［J］. Proceedings of First Asian Workshop on Physical Modeling in Geotechnics, Mumbai, 2014,
229-236.

［12］ White D. J. ,Randolph M. ,Thompson B. An image-based deformation measurement system for the geotechnical
centrifuge［J］. International Journal of Physical Modelling in Geotechnics,2005,5(3):1-12.

［13］ White D. J. ,Take W. A. GeoPIV: Particle Image Velocimetry (PIV) software for use in geotechnical testing
［R］. 2002.

［14］ White D J. ,Take W. A. ,Bolton M. D. Soil deformation measurement using particle image velocimetry (PIV)
and photogrammetry［J］. Geotechnique,2003,53(7):619-631.

［15］ 张晨龙.基于离心模型试验的挤密砂桩加固软弱地基的承载性能研究［D］.上海:同济大学,2014.

［16］ 何蔺荞.基于离心模型试验的挤密砂桩复合地基承载特性研究［D］.上海:同济大学,2013.

［17］ 龚晓南.复合地基理论及工程应用［M］.北京:中国建筑工业出版社,2002.

［18］ 黄小军.振冲碎石桩复合地基承载力与沉降计算研究［D］.吉林:吉林大学,2007.

［19］ 赵明华,张玲,刘敦平.散体材料桩复合地基桩土应力比分析［J］.中南大学学报(自然科学版),2007,38
(03):555-560.

［20］ 中华人民共和国国家标准.GB 50007—2011 港口工程地基规范［S］.北京:人民交通出版社,2010.

［21］ 中华人民共和国行业标准.JTS 147-1—2010 建筑地基基础设计规范［S］.北京:中国建筑工业出版
社,2011.

［22］ 北詰昌樹.低置換率 SCP 工法の開発と港湾工事への適用［J］.土と基礎,1994,42(2):31-36.

161

［23］《工程地质手册》编委会.工程地质手册［M］.4 版.北京：中国建筑工业出版社,2013.

［24］中交三航科学研究院有限公司,等.水下挤密砂桩成桩条件与设备适应能力研究报告［R］.2013.

［25］M. Kitazume. The sand compaction pile Method［M］. London：Taylor & Francis Group plc,2005.

［26］P. T. Madsen,M. Wahlberg,J. Tougaard,et al. Wind turbine underwater noise and marine mammals：implications of current knowledge and data needs［J］. Marine Ecology-Progress Series,2006,309：279-295.

［27］H. Slabbekoorn,N. Bouton,I. van Opzeeland,et al. A noisy spring：the impact of globally rising underwater sound levels on fish［J］. Trends in Ecology and Evolution,2010,25(7)：419-427.

［28］T. A. Jefferson,S. K. Hung,B. Wursig. Protecting small cetaceans from coastal development：Impact assessment and mitigation experience in Hong Kong［J］. Marine Policy,2009,33(2)：305-311.

［29］A. N. Popper,M. C. Hastings. The effects of anthropogenic sources of sound on fishes［J］. Journal of Fish Biology,2009,75(3)：455-489.

［30］J. Tougaard,J. Carstensen,J. Teilmann,et al. Pile driving zone of responsiveness extends beyond 20 km for harbor porpoises (Phocoena phocoena (L.))［J］. Journal of the Acoustical Society of America,2009,126(1)：11-14.

［31］A. W. Leissa. Vibration of shells［J］. Scientific and Technical Information Office National Aeronautics and Space Administration,1973.

［32］Q. Deng,W. Jiang,M. Tan,et al. Modeling of offshore pile driving noise using a semi-analytical variational formulation［J］. Applied Acoustics,2016,104：85-100.

［33］上海港湾工程质量检测有限公司.港珠澳大桥主体工程岛隧工程东人工岛挤密砂桩检测报告［R］.2011-2012.

［34］中交上海三航科学研究院有限公司.水下挤密砂桩桩体强度与标贯击数关系——专题研究报告［R］.2014.

［35］Q. Deng, W. Jiang, W. Zhang, Theoretical investigation of the effects of the cushion on reducing underwater noise from offshore pile driving［J］. The Journal of the Acoustical Society of America, 2016,140(4)：2780-2793.

索　引

b

c

d

f

g

h

j

k

l

m

n

p

图书在版编目(CIP)数据

水下挤密砂桩技术及其在外海人工岛工程中的应用 /
时蓓玲等著. — 北京 :人民交通出版社股份有限公司,
2018.3

ISBN 978-7-114-14614-5

Ⅰ. ①水… Ⅱ. ①时… Ⅲ. ①打桩工程—挤密加固—
水下基础—研究 Ⅳ. ①TU753.6

中国版本图书馆 CIP 数据核字(2018)第 057788 号

"十三五"国家重点图书出版规划项目
交通运输科技丛书·公路基础设施建设与养护
港珠澳大桥跨海集群工程建设关键技术与创新成果书系
国家科技支撑计划资助项目(2011BAG07B02)

书　　名:水下挤密砂桩技术及其在外海人工岛工程中的应用
著 作 者:时蓓玲　卢永昌　王彦林　张　曦　林佑高　等
责任编辑:周　宇　王景景　等
责任校对:赵媛媛
责任印制:张　凯
出版发行:人民交通出版社股份有限公司
地　　址:(100011)北京市朝阳区安定门外外馆斜街 3 号
网　　址:http://www.ccpress.com.cn
销售电话:(010)59757973
总 经 销:人民交通出版社股份有限公司发行部
经　　销:各地新华书店
印　　刷:北京雅昌艺术印刷有限公司
开　　本:787×1092　1/16
印　　张:11.75
字　　数:234 千
版　　次:2018 年 3 月　第 1 版
印　　次:2018 年 3 月　第 1 次印刷
书　　号:ISBN 978-7-114-14614-5
定　　价:80.00 元
(有印刷、装订质量问题的图书,由本公司负责调换)